図解入門
How-nual
Visual Guide Book

よ〜くわかる 最新

# 電子回路の基本としくみ

回路の基礎からシミュレーションまで!

石川 洋平／野口 卓朗 著

［第2版］

秀和システム

# はじめに

　この本は電子回路の基本をサラッと理解するための本です。といっても、電子回路を好きになるためのポイントや話のネタはすべて網羅しているのでご安心ください。

　本書は数式を少なくして、キーワードを引き立たせるために説明をシンプルにしていますので、少し、説明が足りなかったり、思い切った表現も使っています。一般に専門書といえば、厳密に「正確さ」を求めるものです。しかし、この本では、「こういう意味かな？」と少し考えていただけるように書いています。

　実は、本書の初版『図解入門 よ〜くわかる最新 電子回路の基本としくみ』（2013年6月刊：以下「既刊」という）を出版してから数年後に読み返したとき、圧倒的に内容が足りない！　と思いました。

　しかし、同時に、この本で電子回路のはじめの一歩を踏み出してくださった読者との会話はすごくスムーズだということも感じていました。授業でも、ザックリ話すと学生さんは気になって自分で調べてくれます。黒板に間違いを書くと指摘してくれます。なので、そんなツッコミどころの演出をこの本では意識しています。本編よりも重要かもしれない、雑談・こぼれ話をイメージしたコラムも大量に書いてありますので読んでみてください。専門分野が違っても、高校生でも、高専・大学生でも、社会人でも、キーワードを共有して電子回路について楽しく話すきっかけにしてもらえると嬉しいです。

　改訂版となる本書「第2版」では、あえて、ツッコミどころをほんの少し残してみました。吹き出しを付けたりしているので、ぜひ、楽しく間違い探しもしてみてください。

本書の第一の特徴は、電子回路を学び始める年齢が一番若い工業高校生が使う検定教科書に触れている点です。

　専門科目の勉強を始めると、いままで中学校で国語、数学、理科、社会、英語をふつうに学んでいた生徒が、いきなり「jω：ジェイオメガ」といった未知の呪文に遭遇するのです。そりゃ、驚きますね。

　さらに大学になると、微分・積分といった高校で習う数学を駆使して回路の振る舞いを考えることになります。このあたりから「電気回路」への苦手意識が生まれてしまい、ダイオード、トランジスタという「電子回路」の呪文が出てきて、ギブアップしてしまう人が多いのではないでしょうか。

　検定教科書は、本書と似ていてすごくシンプルに書かれていますが、本書よりも回路の種類が圧倒的に豊富です。したがって、本書を通して検定教科書の由緒正しい目次を大まかに「眺める」ことで、補間すべき内容もわかり、電子回路の全体像を理解することができます。

　本書の第二の特徴は、「LTspice」を用いた回路シミュレーション演習を取り入れているところです。既刊では「ngspice」というシミュレータを用いて、回路図をネットリストと呼ばれるテキストで記述していましたが、より簡単に演習できるように、マウスによる回路図入力が可能であり、クリック数回で波形を見ることができる「LTspice」に変更しました。

　私（石川）の大学生時代（1997年～）、回路シミュレータは高嶺の花で、使える時間、人、コンピュータが決まっていました。そして、シミュレーションをするより実際に回路を作る実験が基本でした。「LTspice」が本格的に出てきたのは2008年あたりからだったと記憶しています。

　そこで本書では、1989（平成元）年生まれの「LTspice」ネイティブ世代である野口卓朗先生を共著者に迎えて、本書の理解を深めるためにアナログ回路、デジタル回路のシミュレーションを体験できる章を設けました。第6章のシミュレーションを完璧にこなせれば、電子回路の基本はほぼマスターしたといっても過言でないくらいの充実した内容です。ぜひトライしてみてください。

2021年4月　石川洋平

## 学校の授業っぽく15週（90分×15回）で学ぶための手引

　通常、高専や大学は半期15週で授業が行われます。リズムよく学ぶための参考として、それぞれの週の目標と分量（2週で1章のペース）を示します。ワークシート、シミュレーション説明動画、LTspiceファイルをサポートページ（http://www.iclab.jp/book_support）で配布していますので、本書と併せてご活用ください。第14週のコラム通読や、各章末の「ホントは触れたかったこと」は、息抜きとして楽しく脱線気味に使っていただけると嬉しいです。

### ●アナログ編

【第1週】　目標：電気回路の基本をマスター
　　　　　　「はじめに」〜「1-7 フィルタで周波数をゲット」

【第2週】　目標：電子回路の基本デバイスであるダイオードとトランジスタを知る
　　　　　　「1-8 トランジスタとダイオードの気持ちになる」〜「1-11 トランジスタ利用の準備運動」

【第3週】　目標：「増幅」のイメージをつかむ
　　　　　　「2-1 信号を「増幅」させる」〜「2-3 トランジスタの特性図から「増幅」を読む」

【第4週】　目標：「バイアス回路」の重要性を理解する
　　　　　　「2-4 「増幅」させるための下準備」〜「2-6 トランジスタの「スイッチング作用」とデジタル回路との関係」

【第5週】　目標：エミッタ接地・ベース接地・コレクタ接地の特徴を知る
　　　　　　「3-1 工業高校検定教科書と市販教科書」〜「3-5 電圧増幅率が1倍？増幅回路なの？」

【第6週】　目標：MOSトランジスタのことを知る
　　　　　　「3-6 いま主流のデバイス」〜「3-9 「高性能」を目指して」

【第7週】　目標：オペアンプの基本を学ぶ
　　　　　　「4-1 トランジスタ数が増えると計算できない!?」〜「4-3 オペアンプの使い方」

【第8週】　目標：オペアンプの応用を知る
　　　　　　「4-4 オペアンプを使った加減算回路と微積分回路」〜「4-6 オペアンプの中身」

【第9週】　まとめ

## ●デジタル編

**【第10週】**目標：組み合わせ回路を学ぶ

「5-1 アナログからデジタルへ」〜「5-4 半加算器と全加算器」

**【第11週】**目標：順序回路を学ぶ

「5-5 順序回路」〜「5-8「高機能」を目指して」

**【第12週】**目標：LTspiceの使い方を学ぶ

「6-1 回路シミュレーションとは」〜「6-4「増幅」をシミュレーションで体験しよう」

**【第13週】**目標：LTspiceを用いていろいろ試してみる

「6-5「フィルタ」をシミュレーションで体験しよう」〜「6-7「順序回路」をシミュレーションで体験しよう」

**【第14週】**コラム通読

目標：コラムを通じて授業中の雑談を体験する

電気工学科と電子工学科、1文字違いで大問題？／節点電圧法を知らないと言い張る学生たち／横軸はωt（角度）？　t（時間）？／フィルタは目が細かいほど素晴らしい／単にトランジスタと呼ばれるときはバイポーラ？／電子回路で使う記号の大文字、小文字、添え字／「増幅」はわかるが「入出力インピーダンス」はわからない／筆者（石川）の電子回路遍歴　なぜアナログとデジタルの両方を教えることに？／検定教科書の購入について／筆者（石川）が工業高校で学んだこと、大学や高専で学ぶこと／3-3節から3-5節は一気に読破してください／接地とは何か？／3つの接地回路の特徴を復習！／MOSトランジスタは3端子デバイス？　4端子デバイス？／電子回路に関する高専・大学での卒業研究とは？／オペアンプといえば反転増幅回路と非反転増幅回路？／「アナログからデジタル」への変換限界　サンプリング定理／「デジタル回路（論理回路）で何を学んだか」と問われたら？／トランジスタレベルを意識するタイミング／回路シミュレーションとの出会い（石川編）／IC設計に必要なツール／煙が出ないシミュレーションとトランス事件／回路シミュレーションとの出会い（野口編）

**【第15週】**まとめ

## ▼サポートページ

http://www.iclab.jp/book_support

Contents

# 目次

図解入門　よ～くわかる
最新**電子回路の基本としくみ**[第2版]

## 電子回路の主役たち
### いろいろな素子と法則

## Chapter 2　アナログ電子回路の役割
### 「増幅」のイメージと計算

## Chapter 3　大学、高専、工業高校で学ぶ電子回路
### 専門書の読み方

# Contents

## Chapter 4 オペアンプを使った演算回路
### トランジスタ数の恐怖

## Chapter 5 デジタル回路の基礎
### 組み合わせ回路と順序回路

Chapter 6

# 回路シミュレーション
## LTspice入門

# 電子回路の主役たち

## いろいろな素子と法則

　本章では、中学校で学ぶ電圧・電流・抵抗の関係を復習し、回路を流れる電流と抵抗にかかる電圧の関係を確認しながら2つの法則をマスターします。そのあと、電気回路の主役である抵抗、コンデンサ、コイル、および電子回路の主役であるダイオード、トランジスタについて解説します。本章を通して、電子回路で用いる素子に親しみ、中学校のときに電気の話が苦手だった人でも、回路を考えることの楽しさを感じてください。

# 1-1 電気回路と 電子回路の違い

🔑 **Point**
電気回路と電子回路、言葉は似ていますが、その違いは何でしょうか？　受動、能動という言葉を理解し、説明できるようになりましょう！

## ■ 電気回路で学ぶこと

　一般的には電圧、電流、抵抗の関係（オームの法則）を学んだあと、回路の解析方法（キルヒホッフの法則「等」）を学習します。「等」というのは、回路解析の諸定理のことで、重ね合わせの理、テブナンの定理、ノートンの定理などがその代表例です。

　しかし、定理攻めにおいて、このあたりから混乱してくる入門者が多いので、割り切って「オームの法則」「キルヒホッフの法則」をマスターすることに集中しましょう。

　次のステップは、抵抗以外の重要素子であるコンデンサやコイルを使った回路に慣れることです。一般的に**交流**と呼ばれる信号を扱います。これはコンデンサやコイルの値が周波数に依存しているからです。sin、cosなどの三角関数が、たくさん出てきて混乱してくるのもこのあたりです。しかし、jω（ジェイオメガ）という救世主がいるので安心してください。

　ここでも割り切って、jωの使い方と意味の理解に努めましょう。

　ちなみに、抵抗やコンデンサやコイルは**受動素子**と呼ばれ、これらを用いた回路のことを**電気回路**と呼ぶと覚えましょう。

---

**本書を読み終わって理解できたら□にチェックを入れましょう！**

□オームの法則　　□キルヒホッフの法則　　□jωの使い方と意味
□受動素子とは

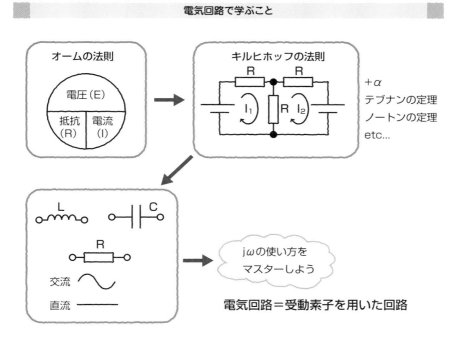

電気回路で学ぶこと

## 電子回路で学ぶこと

　電気回路で学んだ知識をベースに、ダイオードとトランジスタという2つの素子が入った回路を学習します。ダイオードやトランジスタは**非線形素子**と呼ばれ、計算がとても複雑になります。しかし、ダイオードやトランジスタを、電気回路で学んだ受動素子や電源などを用いて**等価回路**に変身させることによって、回路解析が簡単になります。

　なので、ダイオードやトランジスタの等価回路をしっかり身に付けましょう。あとはその等価回路を使って**増幅**という現象を理解できればOKです。

　トランジスタ1個から始まり2個、3個と徐々に増えていき、数十個、数百個となることを不安に感じる方が大半だと思いますが、心配いりません。**オペアンプ**（演算増幅器）という救世主が現れて、将来、人によってはトランジスタを扱わなくて済む

ようになる場合もあるくらいです。

　つまり、割り切ってトランジスタを忘れてオペアンプの使い方をマスターするというのも、実践的でとても役に立つと思います。

　ちなみに、ダイオードやトランジスタは、**能動素子**と呼ばれ、これらを用いた回路のことを**電子回路**と呼ぶと覚えましょう。

---

本書を読み終わって理解できたら□にチェックを入れましょう！

□ダイオード、トランジスタ　　□等価回路　　□増幅とは
□オペアンプ　　□能動素子とは

---

電子回路で学ぶこと

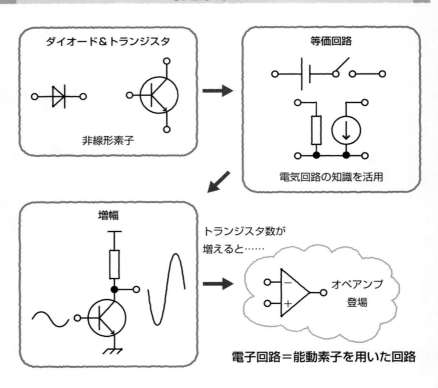

ダイオード＆トランジスタ

非線形素子

等価回路

電気回路の知識を活用

増幅

トランジスタ数が
増えると……

オペアンプ
登場

**電子回路＝能動素子を用いた回路**

## 電気回路と電子回路の学び方

様々な勉強をしていく上で「受動（教えてもらう）」から「能動（自ら習得する）」へ切り替えるということは大切です。

回路の分野も同じです。一般的には、電気回路（受動）、電子回路（能動）の順番で勉強します。「受動素子」中心の電気回路でつまずくと、次の「能動素子」を含む電子回路も難しくなります。

電子回路も、電気回路の知識を使って考えると簡単になることが多いので、まずは電気回路の基礎をしっかり勉強しましょう。よって、本書でも本章の割合が大きくなっています。

**電気回路と電子回路の違い**

電気回路

受身

電子回路

能動的に学ぶ

---

電子回路への近道（すべて OK ならば 1-8 節へ進んでください）

□ 抵抗、コンデンサ、コイルの記号と単位は書けますか？

□ 抵抗の直列・並列の計算はできますか？

□ オームの法則とキルヒホッフの法則はわかりますか？

□ jωと微分・積分の関係はわかりますか？

□ 分圧の意味はわかりますか？

□ 横軸が時間のグラフと、横軸が周波数のグラフの必要性はわかりますか？

※ 上記は次節以降に説明します。

何問、解けましたか？

---

**Column**

## 電気工学科と電子工学科、1 文字違いで大問題？

　就職時に「電気」と「電子」の違いをしっかり説明していないと、思いもよらない部署に配属されることがあるようです。ある社長から聞いた話ですが「電子工学科の学生を、よかれと思って電力関係の部署に配属したら、たくさん不満が出た」とのことです。

　私たちであれば「電気＝電力関連」「電子＝コンピュータ関連」という認識があるのですが、配属を決定する管理職の方々は意識していないことが多いようです（最近では、情報という分野が出てきて電気と電子を仲介し、専門の垣根が低くなっていますが、それも一般の方に誤解される原因かもしれません）。

　専門になればなるほど当たり前になる電気や電子の専門用語（テクニカルターム）を1つずつ理解して、平易な言葉で伝える訓練が必要だと思います。

# 1-2 アナログ電子回路とデジタル電子回路

> ## Point
> アナログとデジタルの違いは何でしょうか？　アナログ電子回路、デジタル電子回路を学ぶときのポイントを押さえましょう！

## アナログ電子回路で学ぶこと

　ズバリ、**増幅**です。カラオケでマイクに向かって歌うとスピーカーから大きな音が出てきます。これは音声という信号を**増幅**しているということです。この**増幅**という作用を起こすための回路をマスターすることが肝心です。

　そのほかに、モータを動かすときとLEDを光らせるときは、何が違うか？　などを入力インピーダンス、出力インピーダンスという言葉を使って説明できれば、もっと素晴らしいです。

## デジタル電子回路で学ぶこと

　ズバリ、**スイッチング**です。パソコンのキーボードを打つと、そのキーが押されたというON（1）の情報が伝わります。離すとOFF（0）です。さらに、Ctrlキーを押してCを押すとコピーになるなど、キーの組み合わせでいろいろな処理をさせることができます。

　このようなスイッチ動作を電子的に実現することができるのが**トランジスタ**です。このON（1）、OFF（0）の「組み合わせ」や「順序」を実現する論理回路をマスターすることが肝心です。

---

本書を読み終わって理解できたら□にチェックを入れましょう！

□増幅　　□入・出力インピーダンス　　□トランジスタのスイッチ動作
□組み合わせ回路　　□順序回路

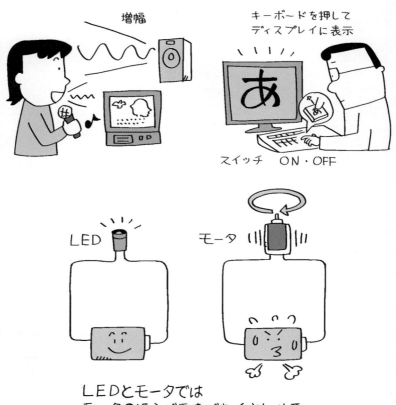

**アナログは増幅、デジタルはスイッチング**

増幅

キーボードを押して
ディスプレイに表示

スイッチ　ON・OFF

LED　　モータ

LEDとモータでは
モータのほうが電流がたくさん必要

## アナログ電子回路とデジタル電子回路の学び方

　身の回りの電化製品を考えてみましょう。スマートフォンは微弱な電波を受け取って**増幅**し、アナログの信号からデジタルの信号へ**スイッチング**してマイクロプロセッサで信号処理したあと、ディスプレイに文字や絵を表示します。

　このように、アナログとデジタルは両方とも奥が深く、それぞれ専門家がいます。現在、処理の大半がデジタルになってしまいました。技術者もアナログ離れが進んでいます（デジタル偏重の風潮は見直されてきてはいますが、「アナログ回路が得意！」と胸を張れる人は少ない気がします）。

　自然界の信号（音や光など）はアナログです。まずはしっかりアナログ電子回路を勉強して、自然の原理・原則を身に付けましょう。デジタル回路は、取っ付きやすいので、そのあとでスタートしても大丈夫かもしれません。

　本書では、第5章でデジタル回路の基礎を解説しています。

アナログ電子回路とデジタル電子回路

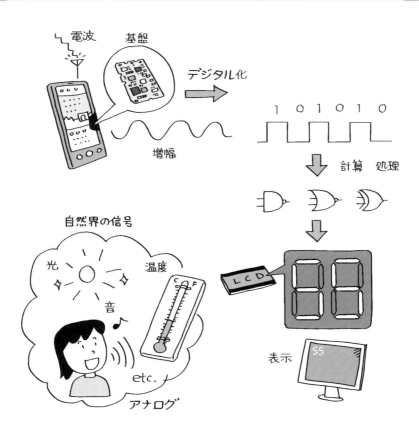

# 1-3 中学校理科で習う電気回路
## …すべての基本はオームの法則

🔑 **Point**

中学校理科の第1分野「電流とその利用」でしっかり学んだはずの知識、その名も「オームの法則」。もう一度簡単に復習してみましょう！

### 中学校で習う電気回路

　教科書の内容、つまり「直列接続・並列接続の合成抵抗」と「電圧・電流・抵抗の関係式（オームの法則）」が理解できれば復習完了です。

　抵抗の直列接続は、それぞれの値を足し合わせればOKです。並列接続ではそれぞれの抵抗の逆数同士を足し合わせて、さらにその逆数をとればOKです。抵抗が2つの場合は**和分の積**という公式が成り立ち、分母に抵抗の和、分子に抵抗の積を持ってくれば簡単に計算できます。この公式は、抵抗が3つ以上並列の場合は使えないので注意してください。

### オームの法則

　**オームの法則**とは、電圧（E）・電流（I）・抵抗（R）の関係を表した法則です。次ページの図のようにして覚えた人も多いのではないでしょうか。図中の回路図で重要なのが、電圧と電流の矢印の向きです。電源の＋から出た矢印を電流として表し、その逆方向の矢印で電圧を表します。この矢印の向きを適当に付けていると、あとで痛い目を見ます。

　ここでは、この矢印の向きをしっかり覚えましょう。あとは、電圧・電流・抵抗のうち2つがわかれば、オームの法則に当てはめることによって3つ目もわかります。

## 抵抗の直並列計算

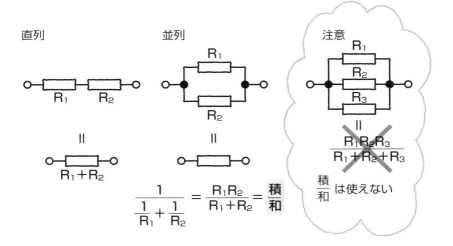

直列

$R_1$ $R_2$

$\|$

$R_1 + R_2$

並列

$R_1$

$R_2$

$\|$

$$\cfrac{1}{\cfrac{1}{R_1} + \cfrac{1}{R_2}} = \frac{R_1 R_2}{R_1 + R_2} = \boxed{\frac{積}{和}}$$

注意

$R_1$

$R_2$

$R_3$

$\|$

$\dfrac{R_1 R_2 R_3}{R_1 + R_2 + R_3}$

$\dfrac{積}{和}$ は使えない

## オームの法則

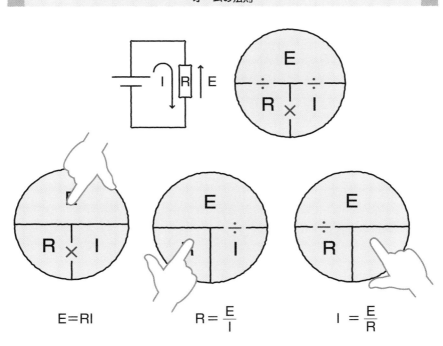

$\dfrac{E}{R \times I}$

$E = RI$

$R = \dfrac{E}{I}$

$I = \dfrac{E}{R}$

# 1-4

## 回路を自由に計算する
## 最重要ツール
### …キルヒホッフの法則

**Point**

誰もがつまずくキルヒホッフ。ここさえクリアすれば！
この基本さえ押さえれば！　あとの回路計算は大丈夫。
大きな壁を乗り越えましょう。

### キルヒホッフの法則とは

　キルヒホッフの法則という名前を聞くと、中学校のときに悩まされたオームの法則と同じシリーズの難解な法則と思われがちです。しかし、まったくそんなことはありません。単に「オームの法則を複数回使いましょう」という法則です。2つの法則とそれを用いた解析法をマスターしましょう。

### 第1法則（電流則）

　**電流則**とは、「回路のある**節点**\*に対して流れ込む電流の総和がゼロ」というものです。言い換えると「節点に流れ込む電流の総和と、流れ出る電流の総和が等しい」ともいえます。電圧と電流の向きに注意して、図を眺めてみてください。このように、節点（ここでは$V_x$）を決めて電流則を利用する手法を**節点電圧法**と呼びます。

### 第2法則（電圧則）

　**電圧則**とは、「回路に供給される電圧と、その他の素子に流れる電流によって生じる電圧の和は等しい」というものです。$I_1$、$I_2$という電流（**網目電流**と呼ぶ）を適当に設定して、図を眺めてみてください。このように、網目電流を決めて電圧則を利用する手法を**網目電流法**と呼びます。

---

\***節点**　回路の配線と配線が交差するところ。

## キルヒホッフ第1法則（電流則）

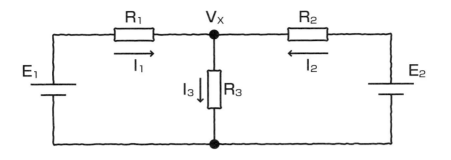

$$\frac{E_1 - V_x}{R_1} + \frac{E_2 - V_x}{R_2} = \frac{V_x - 0}{R_3}$$

$$I_1 \quad + \quad I_2 \quad = \quad I_3$$

## キルヒホッフ第2法則（電圧則）

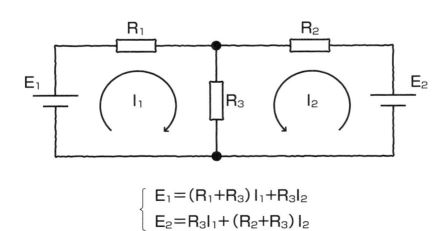

$$\begin{cases} E_1 = (R_1 + R_3)\,I_1 + R_3 I_2 \\ E_2 = R_3 I_1 + (R_2 + R_3)\,I_2 \end{cases}$$

## 節点電圧法と網目電流法の数値例

前ページの回路の電池、抵抗の値を以下のように与えます。そのときの各抵抗に流れる電流を求めてみましょう。

### 節点電圧法による解法

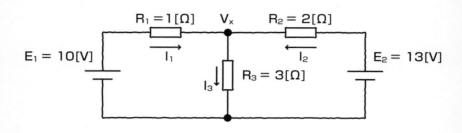

$$\underbrace{\frac{E_1-V_x}{R_1}}_{I_1} + \underbrace{\frac{E_2-V_x}{R_2}}_{I_2} = \underbrace{\frac{V_x-0}{R_3}}_{I_3}$$

$$10-V_x+ \frac{13}{2} - \frac{V_x}{2} = \frac{V_x}{3}$$

$$60-6V_x+39-3V_x = 2V_x$$

$$99 = 11V_x$$

$$\therefore V_x=9[V] \quad\text{代入}$$

$$\therefore$$
$$I_1 = 1[A]$$
$$I_2 = 2[A]$$
$$I_3 = 3[A]$$

電流と電圧の向きに気を付けて
式を立てよう！

## 網目電流法による解法

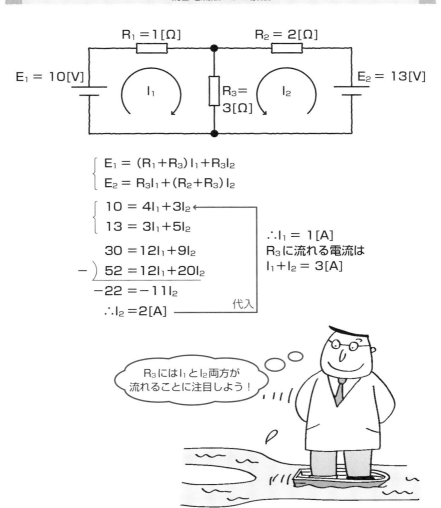

$$\begin{cases} E_1 = (R_1+R_3)\,I_1+R_3I_2 \\ E_2 = R_3I_1+(R_2+R_3)\,I_2 \end{cases}$$

$$\begin{cases} 10 = 4I_1+3I_2 \\ 13 = 3I_1+5I_2 \end{cases}$$

$$30 = 12I_1+9I_2$$
$$-\ )\ \ 52 = 12I_1+20I_2$$
$$\overline{\phantom{-}-22 = -11I_2}$$
$$\therefore I_2 = 2\,[A]$$

代入

$\therefore I_1 = 1\,[A]$
$R_3$ に流れる電流は
$I_1+I_2 = 3\,[A]$

$R_3$ には$I_1$と$I_2$両方が
流れることに注目しよう！

このように、節点電圧法でも網目電流法でも同じ結果が得られました。回路によって、どちらを使うほうが適しているかは経験を積めばわかるようになります。まずは落ち着いて、この数値例を自分のものにしてください。ちなみに、第4章で出てくるオペアンプの解析には、節点電圧法が適しています。

---

補足

　節点電圧法と網目電流法の数値例では、代入と検算が直感的にわかりやすいように、添え字と値を合わせていることに気付かれましたか？

　$R_1$＝1[Ω]、$R_2$＝2[Ω]、$R_3$＝3[Ω]、$I_1$＝1[A]、$I_2$＝2[A]、$I_3$＝3[A]

です。現実的な細かい数値を使った計算練習も重要ですが、まずは、節点電圧や網目電流をしっかり回路中に書き込んで式を立てる練習をしましょう。

---

**Column**

## 節点電圧法を知らないと言い張る学生たち

　電気回路でキルヒホッフの法則といえば、学習項目の中でも花形です。ここをしっかりマスターしておけば、将来安泰といっても過言ではありません。

　第1法則と第2法則があることは、意外とよく覚えているのですが、節点電圧法というと、はてな？　と首をかしげる人が多いようです。筆者の学生時代の経験からも、確かに網目電流を決めて解いていくという練習が多かった気もします。これに伴って、回路のグラウンドが別々に書かれていて、閉路になっていなかったりすると不安を感じる人も多いようです。後章で出てくる演算増幅器では節点電圧法を使います。

　簡単なキルヒホッフという単元1つとっても学び忘れが生じます。「なぜ2つの解析法を勉強するのだろう？」という疑問を大切にして、一つひとつ基礎から積み上げていくことが重要だと思います。

# 1-5 受動素子の気持ちになる

**Point**

電気回路の基本素子であるR（抵抗）、C（コンデンサ）、L（コイル）の特徴をつかみましょう。

## 受動素子とは

**受動素子**とは、加えられた電圧・電流に対してエネルギーの消費・蓄積等を行う素子のことで、抵抗やコンデンサ、コイルなどがあります。

### ● 抵抗　R [ Ω：オーム ]

抵抗は小学校理科でも出てくるおなじみの部品です。実際の抵抗は、下図のような素子で、**カラーコード**と呼ばれる色を見て値の大きさを判断します。記号はR、単位はΩ（オーム）と書きます。回路図では、四角い箱やギザギザで表します。

**抵抗の記号とカラーコード**

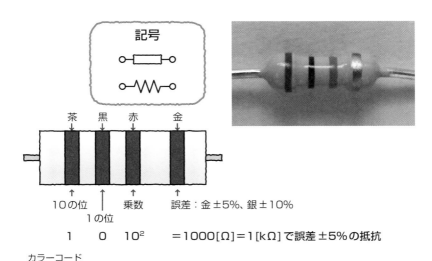

```
記号
```

|    | 茶 | 黒 | 赤 | 金 |
|----|----|----|----|----|
|    | ↑ | ↑ | ↑ | ↑ |
|    | 10の位 | 1の位 | 乗数 | 誤差：金±5%、銀±10% |

$$1 \quad 0 \quad 10^2 \quad =1000[\Omega]=1[k\Omega]で誤差±5%の抵抗$$

カラーコード
黒（0）　茶（1）　赤（2）　橙（3）　黄（4）　緑（5）　青（6）　紫（7）　灰（8）　白（9）

## ●コンデンサ　C［F：ファラド］

　**コンデンサ**は、最近の小学校理科で「電気の利用：蓄電」というキーワードで出てくる素子です。

　実際のコンデンサは、下図のような素子です。抵抗Rの含まれるオームの法則と比較すると、Rを1/C、IをQに置き換えたものと同じです。ここでQ（単位は［C：クーロン］）は**電荷**と呼び、電流の総量にあたります。電流Iは流れる水、電荷Qはバケツにたまった水の量とイメージしましょう。

　なので、抵抗のときとは違い、Cの値が小さければ、コンデンサの両端には大きな電圧が発生することになります。直列接続と並列接続の合成容量の計算は、以下のようになります。記号はCで単位はF（ファラド）と書きます。回路図中では、2枚の板に挟まったバケツのようなイメージで表されます。

**コンデンサの記号と合成容量の計算**

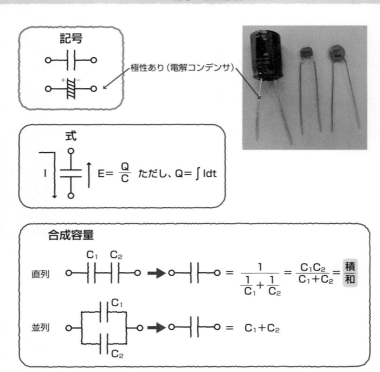

## インピーダンスという考え方

ここで疑問が生じるはずです。Cを考える場合の合成容量が、抵抗のときと「違う？　逆？」ということは、RとCが混じった回路では、計算が複雑になるのでは？

ここで登場するのが**インピーダンス**という考え方です。複素数という数学を使います。複素数は次の式で表されます。**タンス三兄弟**と覚えましょう。

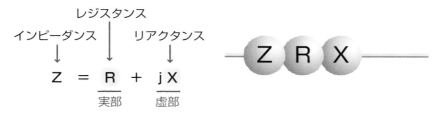

インピーダンスの式

右辺の左を**実部**、jの付いているほうを**虚部**と呼びます。ちなみにjとは、虚数を表すときに使う記号で、j×j＝−1となる記号です。また、数学ではiを用いますが、電気・電子回路ではiは電流を表しますのでjを用います。

コンデンサは、$1/j\omega C$として表すことができ、RとCが混じった回路（以後、RC回路と呼びます）でもRだけのときと同じオームの法則で計算することができます。次ページ上図のように、抵抗とコンデンサの回路をインピーダンスZで表すと、Z＝$R+1/j\omega C$とすることができます（$\omega$：オメガについては1-6節で説明します）。

CをRのときと同じように扱えるかどうか確かめてみましょう（下図）。Cを2つ使った直列回路と並列回路をインピーダンスで計算すると、ちょうど$j\omega$のあとに、前項で確かめた合成容量が出てきていることがわかります。

## jωを使ったRC回路

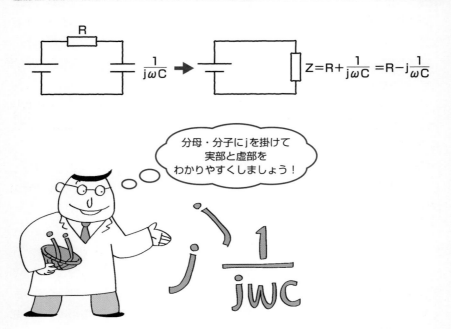

分母・分子にjを掛けて
実部と虚部を
わかりやすくしましょう！

$$j \quad \frac{1}{jwC}$$

## jωを使ったコンデンサの直並列計算

直列

$$\frac{1}{j\omega C_1} \quad \frac{1}{j\omega C_2}$$

$$= \frac{1}{j\omega C_1} + \frac{1}{j\omega C_2} = \frac{1}{j\omega \left( \dfrac{C_1 C_2}{C_1 + C_2} \right)}$$

合成容量

並列

$$\frac{1}{j\omega C_1}$$

$$\frac{1}{j\omega C_2}$$

$$= \frac{1}{j\omega C_1 + j\omega C_2} = \frac{1}{j\omega (C_1 + C_2)}$$

合成容量

# コイル　L [H：ヘンリー]

**コイル**は、次ページの写真のような素子で、クルクルクルと巻いたような記号で表します。実際の素子も銅線を多重に巻き付けて作ります。

コイルは、jωLと表すこともできます。直列・並列の計算は、次ページの図のように抵抗の場合と同じです。

コイルは、巻き方によって向きがありますので、慣れてきたら他書のコイルの項目を読んでみてください。いずれにせよ、回路初心者にとって一番出会う頻度が少ない素子です。

電子回路では、フィルタ回路や高い周波数を扱う回路、電源のノイズを除去するところでしか遭遇しませんので、割り切って、受動素子としては、抵抗とコンデンサの扱いをしっかり理解しましょう。


コンデンサの両端に現れる電圧$V_C=1/C(\int I dt)$と、コイルの両端に現れる電圧$V_L=L(dI/dt)$の式を覚えることはとても重要です。次節で少し説明しますが、高校数学の積分と微分に密接に関係しています。

$V_C$は積分波形としてゆっくり変化し、$V_L$は微分波形として変化に敏感という感覚をつかみましょう。

これらの式は、電気回路関連の書籍に少しと、電磁気学関連の書籍に詳しく説明があります。

電磁気学では、中学校のときに習った「右ねじの法則」や「フレミングの左手の法則」なども詳しく勉強できます。やさしい語り口で書かれている本もたくさんありますので、ぜひチャレンジしてみてください。

## コイルの記号とjωを使った直並列計算

記号

式

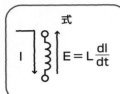

$$E = L\frac{dI}{dt}$$

直列

$jωL_1$　$jωL_2$

→ $= jω(L_1+L_2)$

並列

$jωL_1$

$jωL_2$

→ $= \dfrac{1}{\dfrac{1}{jωL_1}+\dfrac{1}{jωL_2}} = jω\left(\dfrac{L_1L_2}{L_1+L_2}\right)$

コイルは、抵抗と
コンデンサをマスターした
あとでも大丈夫！

# 1-6 魔法のキーワードjω
## …微分・積分をイメージで理解

### Point

　CやLにjωを付けると、Rを用いたオームの法則どおりに計算できて便利でした。ここでは、ω（オメガ）の意味を理解しましょう。そして、その上で微分・積分とjωの関係を考えてみましょう。

## ラジアン、そしてωの正体

　角度を表す単位として、工学分野では**ラジアン** (rad) を使うのが一般的です。

　**単位円**（半径1の円）というものを考えるとわかりやすく、円周の長さ$2\pi$をひものように伸ばしていくと、0°=0[rad]、90°=$\pi$/2[rad]、180°=$\pi$[rad]となります。よって、円1周分の波は、360°=$2\pi$[rad]と表すことができます。

　ここでω（オメガ）の正体を明らかにします。ω=$2\pi$fであり、ここでfは**周波数**と呼ばれ、1秒間に波が1回来れば1[Hz]となります。1[kHz]は、1秒間に1000回の波です。

　その波の数に$2\pi$を掛けると、1秒間にどのくらい波打つか、というスピードを示します。よって、ωは**角速度**（単位は[rad/s]）と呼ばれ、電気信号などの波の激しさを表すのに重宝されています。

　実際には、ωに時間tを掛けたωtをグラフなどで見かけると思います。

**度とラジアンの関係**

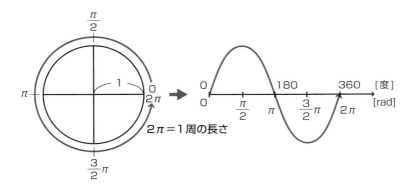

$2\pi$＝1周の長さ

例えば、1秒間に2回波打つことを周波数2[Hz]と呼び、角速度×時間の式に入れると4πtという能力を持つ波を表すことができます。ここで1秒後の地点はどこかというと4πということになり、「どのくらいの波のうねり方（ω）で、ある時間（t）の経過後にはどの地点にいるか」を簡単に表すことができます。

**横軸ωtのグラフ**

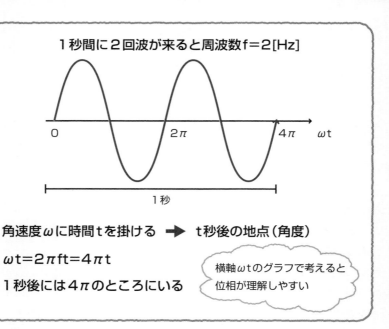

Column

### 横軸はωt（角度）？　t（時間）？

　波形を観測する場合、ふつうは横軸tで考えるのに、なぜ本書では横軸ωtを用いたのか？　それは「π/2だけ左に動かしてください」という、次項以降で説明する「位相」の考え方を理解しやすくするためです。もし横軸をtとすると、「1周期の1/4だけ左に動かしてください」と読み替えなければなりません。少し混乱するかもしれませんが、横軸ωtのグラフで位相の考え方がわかって、余裕が出てきたら、横軸tのグラフも考えてみてください。

## 正弦波（sin波）と余弦波（cos波）

　前項で波の話が出ましたが、ここでは特に重要な**正弦波**と**余弦波**を覚えましょう。**正弦波**とは、次図のような波で、スタートが0から始まります。このような波のことを**sin波（サイン波）**と呼ぶこともあります。

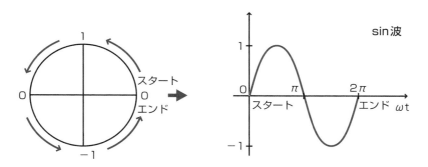

sin波

　**余弦波**とは、次図のような、1からスタートした波のことです。このような波のことを**cos波（コサイン波）**と呼ぶこともあります。

　このsin波やcos波は電子回路でよく使われるので、しっかり覚えておいてください。

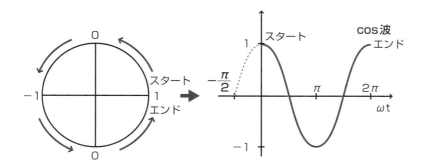

cos波

## 波形の微分と積分

　微分・積分は、高校生レベルの数学で最も重要な単元です。詳しいことは高校の教科書に譲って、ここでは、波の微分・積分のイメージだけをしっかり身に付けましょう。

　**微分**とは「変化の割合」のことです。値が大きく変化したときに最も大きくなります。次の図を見てください。点線のA点の変化が一番大きく、B点の変化が一番小さいという具合にプロットしていったのが実線です。これより、sinωtの微分は、cosωtになっていることがわかると思います。

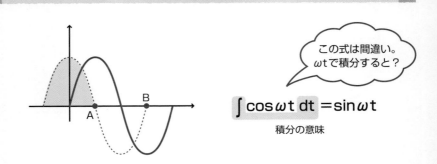

**sin波の微分＝cos波**

この式は間違い。
ωtで微分すると？

$$\frac{d\ \sin\omega t}{dt} = \cos\omega t$$

微分の意味

　次に、**積分**とは「波形の面積の合計」のことです。点線で表したcosωtの積分は実線のように表されます。面積が一番大きくなるA点が最も大きく、面積が一番小さくなるB点が最も小さくなります。つまりcosωtの積分はsinωtとなります。

**cos波の積分＝sin波**

この式は間違い。
ωtで積分すると？

$$\int \cos\omega t\ dt = \sin\omega t$$

積分の意味

もう少し考えてみましょう。**微分**とは、元の波を$\pi/2$だけ進めた波形になっています。逆に**積分**は$\pi/2$だけ遅れた波形となっています。つまり$\sin(\omega t + \pi/2) = \cos\omega t$、$\cos(\omega t - \pi/2) = \sin\omega t$となります。

この$\pi/2$のような差を**位相**と呼ぶことも記憶しておいてください。位相の遅れ・進みという言葉は混乱しやすいのですが、波の始まりの点が左にずれて早くなるから「進み」と表現する、と覚えましょう。

### 位相の進み（微分）と遅れ（積分）の関係

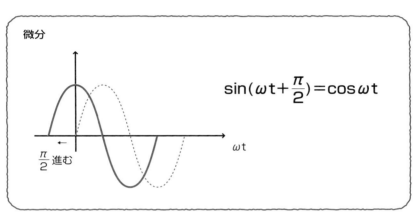

微分

$$\sin(\omega t + \frac{\pi}{2}) = \cos\omega t$$

$\frac{\pi}{2}$進む

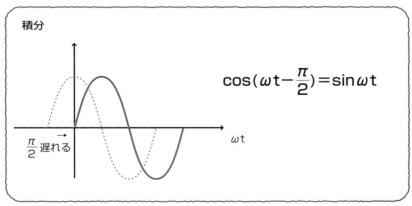

積分

$$\cos(\omega t - \frac{\pi}{2}) = \sin\omega t$$

$\frac{\pi}{2}$遅れる

## 微分・積分とjωL、1/jωC

コイルの振る舞いを表す式を見ると、電流を微分したものにLを掛けると電圧となっています。このd/dtをjωと置き換えることができます。

同様にコンデンサの振る舞いを表す式を見ると、電流を積分したものに1/Cを掛けると電圧となっています。この∫dtを1/jωと置き換えることができます。

つまりjωは微分を表し、1/jωは積分を表すと考えることができます。前項の波の話で微分・積分や位相のことを難しそうだな～と思っている人でも、jωによって知らないうちに微分・積分、位相という考え方を使っていることになるのです。

**jωと微分・積分の関係**

コイル　微分　jω

$$E = L\frac{dI}{dt} = I \times \underline{j\omega L}$$

コンデンサ　積分　$\frac{1}{j\omega}$

$$E = \frac{Q}{C} = \frac{1}{C}\int I dt = \frac{I}{j\omega C} = I \times \underline{\frac{1}{j\omega C}}$$

$$E = I \times Z$$

jωを使えば、CやLが入った回路も怖くない。

微分・積分という数学は、いろいろな分野で使われます。電気回路・電子回路ではjωと密接に関わり合っているということを覚えましょう。

## RC回路にパルス信号を入れると

RC回路にパルス信号を入れるとどうなるでしょうか？　前項の式で考えると、Cは1/jωCとなり積分をするということだったので、徐々に電圧が上がっていくような波形になります。

**入力電圧**は、抵抗とコンデンサにかかる電圧の和です。出力には、次図のような電圧が現れます。

パルス信号とコンデンサ（積分回路）

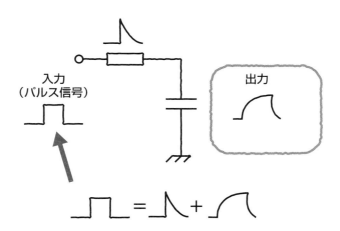

このように入力電圧を徐々にためていくような波形が積分を意味します。

補足

上記のR・C両端の電圧は、正確には完全な微分・積分波形ではありません。パルス信号を入れたときの完全な微分・積分の波形は次ページの上図のようになります。しかし、ここでは割り切って、少し丸みを帯びた上記の電圧波形を積分波形と覚えましょう。

① 章　電子回路の主役たち

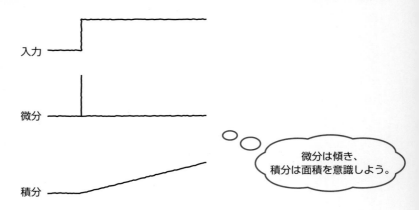

完全な微分波形と積分波形

入力

微分

積分

微分は傾き、
積分は面積を意識しよう。

では、次にRとCの位置を入れ替えます。すると、入力の変化が一番大きなところで出力が大きくなっています。つまり、微分した波形が出力されていることがわかると思います。

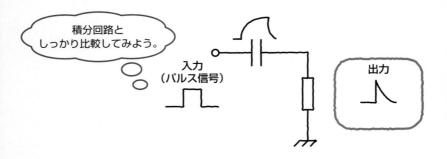

パルス信号と抵抗（微分回路）

積分回路と
しっかり比較してみよう。

入力
（パルス信号）

出力

このように、RC回路を横軸時間で観測した場合、積分と微分を実現する回路、すなわち積分回路、微分回路の動作を確認することができます。

jωのかかり方ひとつで出力波形が想像できるようになると、電子回路も楽しくなるはずです。

# 1-7 フィルタで周波数をゲット
## …時間軸と周波数軸（Part Ⅰ）

 **Point**
　電圧の分圧回路を理解して、RとCを使った簡単な回路で、周波数フィルタを実現してみましょう。

### 直流と交流、フィルタとは？

　**直流**とは、電池のように時間的に変化せず一定の電圧を出すものです。**交流**とはsin波のように時間的に変化するものです。周波数の低い交流信号を**低周波**と呼び、高い交流信号を**高周波**と呼びます。直流電源と交流電源は、次図のような記号で表されます。

**直流・交流と周波数の関係**

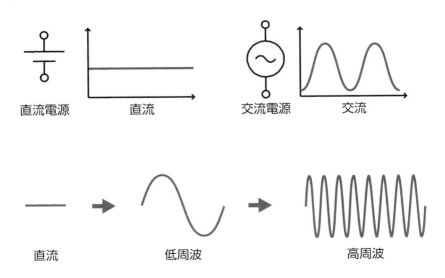

　**フィルタ**とは、コーヒーを作るときのろ紙のようなもので、大きな豆は通さないが水は通す、という働きをするものです。電子回路でフィルタといった場合、**周波数フィルタ**を意味します。例えば、低い周波数を通して、高い周波数を遮断するといったフィルタを**ローパスフィルタ**（**LPF**）と呼びます。

---

**フィルタとは**

フィルタで処理すると

---

**Column**

### フィルタは目が細かいほど素晴らしい

　フィルタの性能はどうやって決まるのでしょうか？　コーヒーのフィルタでいえば、目が粗いと豆が落ちてザクザクして飲めません。つまり、目が細かいほうが素晴らしいということです。

　周波数フィルタの場合は「周波数特性が急峻」であることが優秀さの証です。つまり、1[kHz]以上の信号を通さないといったら何が何でも通さない、ということです。しかし、現実にそんな急峻なフィルタは存在しません。1.1[kHz]や1.2[kHz]はやはり少し混じってしまいます。

　周波数フィルタの研究をしている人たちは、この急峻さを追い求めてきました。バターワース、ベッセル、チェビシェフ、連立チェビシェフといったキーワードで調べると、もっと詳しくなれます。フィルタ理論はすごく整理されていてわかりやすいので、電子回路上級者へのステップとして挑戦してみることをおすすめします。

## 分圧の法則

　下図のような抵抗2本と電池（直流）からなる回路の出力電圧$V_o$を求めてみましょう。

　抵抗の直列接続なので、足して合成抵抗（$R_1+R_2$）を求め、電池の電圧$V_i$を用いてオームの法則より電流Iを求めます。その後、$R_2$にその電流を掛けて$V_o$が求まります。

　通常はこれでいいのですが、ここで便利な法則を覚えましょう。抵抗が大きければ、そこにかかる電圧も大きいので$V_o$＝{（求めたい電圧がかかる抵抗）／（合成抵抗）}×$V_i$となり、

$$V_o = \frac{R_2}{R_1+R_2} V_i$$

を用いて簡単に求めることができます。

　これを**分圧の法則**と呼びます。結果的には、電流を求めて計算する方法と同じですが、とてもよく使いますので、法則として覚えておきましょう。

　ちなみに、この回路は、$V_i$を所望の値まで小さくする減衰器として働きます。

**抵抗による電圧の分圧**

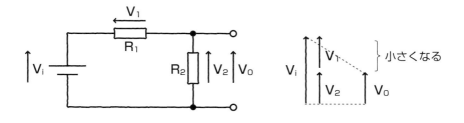

## ▍RCフィルタ

　前項で示した回路中の抵抗の一方をコンデンサに置き換えます。分圧の法則を用いて計算すると下図のようになります。

　ここで、いままで用いてきたjωのωに注目します。前に示したとおり、$\omega = 2\pi f$で周波数f[Hz]に依存するということを示しています。つまり、この式では、与える信号の周波数が高ければ高いほど減衰して、周波数が低ければ$v_i$そのものを出力するということがいえます。このように、高い周波数をカットして低い周波数を通す回路を、**ローパスフィルタ**（LPF）と呼びます。

ローパスフィルタ

$$v_0 = \frac{\dfrac{1}{j\omega C}}{R + \dfrac{1}{j\omega C}} v_i = \frac{1}{1 + j\omega CR} v_i$$

$$\frac{1}{1 + j2\pi fCR} v_i$$

$f = 大 \;\blacktriangleright\; \dfrac{1}{\infty} \;\blacktriangleright\; v_0 = 小$

$f = 小 \;\blacktriangleright\; v_0 = v_i$

ローパスフィルタ

ロー（低い周波数）を
パス（通過）させるので
ローパスフィルタ。

## RとCの場所を入れ替えてみよう！

　ローパスフィルタのRとCの位置を入れ替えてみましょう。分圧の法則を用いて再度計算すると下図のようになります。

　つまり、この式では、与える信号の周波数が低ければ低いほど減衰して、周波数が高ければ$v_i$そのものを出力するということがいえます。このように、低い周波数をカットして高い周波数を通す回路を、**ハイパスフィルタ**（**HPF**）といいます。

ハイパスフィルタ

$$v_o = \cfrac{R}{\cfrac{1}{j\omega C} + R}\, v_i$$

$$f = 大 \;\Rightarrow\; v_o = v_i$$

$$f = 小 \;\Rightarrow\; \frac{R}{\infty} \;\Rightarrow\; v_o = 小$$

ハイパスフィルタ

ハイ（高い周波数）を
パス（通過）させるので
ハイパスフィルタ。

## 横軸周波数と横軸時間

先ほどのローパスフィルタやハイパスフィルタは、周波数の通過・減衰に着目して横軸を周波数で表しました。しかし、オシロスコープなどで波形を観測する場合には、前節で考えたように、横軸を時間やωtで考えることのほうが重要です。

RC回路を学ぶときは、横軸時間、横軸周波数を意識しながら考える癖を付けましょう。まとめると次図のようになります。

### RC回路と横軸（時間・周波数）の関係

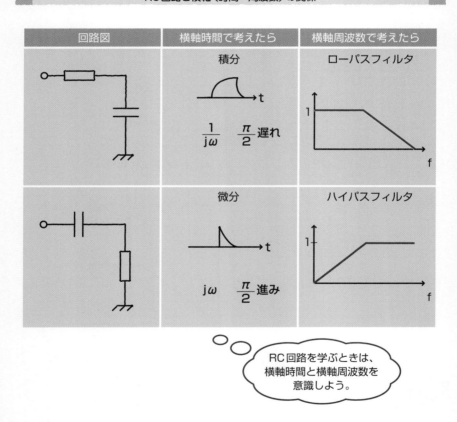

RC回路を学ぶときは、横軸時間と横軸周波数を意識しよう。

# 1-8 トランジスタとダイオードの気持ちになる

**Point**

電気回路の復習が終わりました。
いよいよ電子回路の主役であるダイオードやトランジスタといった能動素子について理解を深めましょう。

## 能動素子とは

**能動素子**とは、加えられた電圧・電流に対して増幅・波形整形などを行う素子のことで、ダイオードやトランジスタがあります。

### ● ダイオード

**ダイオード**は、図のような記号で表され、それぞれの端子の名前を**アノード**、**カソード**と呼びます。

ダイオードとLED

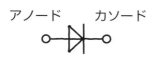

アノード　　カソード

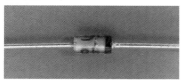

ダイオード

LEDもダイオードの仲間
Light Emitting Diode

　次図のグラフのように、電圧をかけていくと、**しきい（閾）値電圧**と呼ばれるところから急激に電流が流れ始めます。

　簡単に考えると、

> アノードの電圧＞カソードの電圧　　※順方向と呼ぶ。

のときに信号を通過させ、逆のときは遮断する、スイッチのような働きをします。

**ダイオードの順方向・逆方向特性**

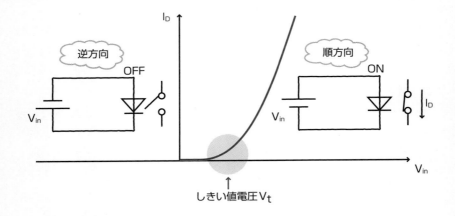

この性質を利用して、次図に示す波形の整流などが実現できます。

**ダイオードによる半波整流**

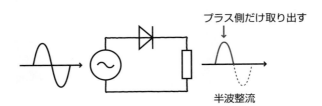

● **トランジスタ**

**トランジスタ**は、図のような記号で表され、それぞれの端子の名前を**ベース**、**エ
ミッタ**、**コレクタ**と呼びます。

トランジスタ

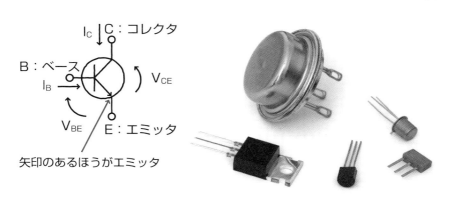

矢印のあるほうがエミッタ

　トランジスタを説明する場合、次ページの図に示す２つのグラフが必要です。１つ
目は$V_{BE}$-$I_B$特性（入力特性）です。入力に電圧をかけたとき、ベースにどれだけの電
流が流れるかを表しています。

　もう１つが$V_{CE}$-$I_C$特性（出力特性）です。ある$I_B$を流したとき、$V_{CE}$をかけることに
よって大きな$I_C$が流れることを示しています。

　この２つのグラフ（特性図といいます）で重要なのは縦軸です。$I_B$と$I_C$の単位（$\mu$
は1/1000000、mは1/1000を表す接頭辞）が違います。つまり、小さい$I_B$で大
きな$I_C$を導くという作用が、トランジスタの**増幅**という機能です。

---

補足

　出力特性で何本もグラフが描かれているのは、入力電流 IB の大きさが変わ
ると出力電流 IC の大きさも変化する、ということを表すためです。

---

**トランジスタの入力特性と出力特性**

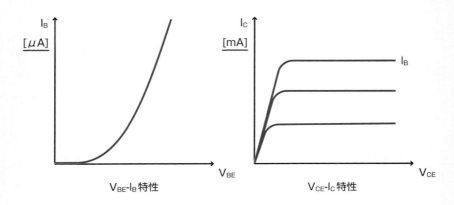

$V_{BE}$-$I_B$ 特性          $V_{CE}$-$I_C$ 特性

トランジスタにはnpn形やpnp形というタイプがあります。また、MOSトランジスタというタイプもあります。それらの構造については次節で説明します。

---

**Column**

## 単にトランジスタと呼ばれるときはバイポーラ？

**トランジスタ**というと一般的にバイポーラトランジスタを意味します（次節で説明）。同じように、**ダイオード**というと**シリコンダイオード**を意味します。

しかし、今日、IC（集積回路）の中ではMOSトランジスタが主流です。本書では詳しく説明していませんが、電界効果トランジスタ（FET：Field Effect Transistor）の一種で、MOS-FETとも呼ばれます。FETにはほかにJ-FETなどもあります。

一般的な電子回路の教科書ではバイポーラトランジスタをメインとして、MOS-FETのさわりだけを教えるというのが現状です。少しずつではありますが、MOS-FET中心の教科書も出てきています。バイポーラトランジスタがなくなるとは思いませんが、これから電子回路を学ぶ方々には、MOS-FETがキーデバイスであることを知っておいていただきたいです。

## 1-9 トランジスタの主成分
### …半導体の基礎

**Point**
　周期表を思い出しながら、ダイオードやトランジスタの構造を学習しましょう。

### 半導体とは

　**半導体**とは（電気を通しやすい）導体と（電気を通しにくい）絶縁体の中間の性質を持つ物質です。シリコン（Si）やゲルマニウム（Ge）が代表格で、周期表の中では14族にあたります（52〜53ページの図参照）。

　混じりっけなしのSiやGeを**真性半導体**と呼び、他の物質を混ぜたものを**不純物半導体**と呼びます。

　周期表の14族より電子の数が少ない13族の物質を混ぜると、半導体中には**ホール**と呼ばれるプラスの性質を持つ**キャリア**が現れます。このような不純物半導体を**p形半導体**と呼びます。逆に、14族より電子の数が多い15族の物質を混ぜると、マイナスの性質を持つ電子がキャリアとなります。このような不純物半導体を**n形半導体**と呼びます。

**真性半導体と不純物半導体**

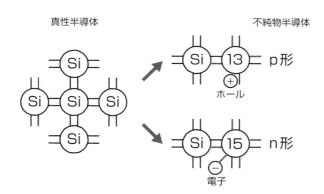

## 周期表

| 族 | 1 | 2 | 3 | 4 | 5 | 6 | 7 | 8 | 9 | |
|---|---|---|---|---|---|---|---|---|---|---|
| 周期 1 | 1 H | | | | | | | | | |
| 2 | 3 Li | 4 Be | | | | | | | | |
| 3 | 11 Na | 12 Mg | | | | | | | | |
| 4 | 19 K | 20 Ca | 21 Sc | 22 Ti | 23 V | 24 Cr | 25 Mn | 26 Fe | 27 Co | |
| 5 | 37 Rb | 38 Sr | 39 Y | 40 Zr | 41 Nb | 42 Mo | 43 Tc | 44 Ru | 45 Rh | |
| 6 | 55 Cs | 56 Ba | 57-71 | 72 Hf | 73 Ta | 74 W | 75 Re | 76 Os | 77 Ir | |
| 7 | 87 Fr | 88 Ra | 89-103 | 104 Rf | 105 Db | 106 Sg | 107 Bh | 108 Hs | 109 Mt | |

| 57 La | 58 Ce | 59 Pr | 60 Nd | 61 Pm | 62 Sm | 63 Eu |
|---|---|---|---|---|---|---|
| 89 Ac | 90 Th | 91 Pa | 92 U | 93 Np | 94 Pu | 95 Am |

1869年にメンデレーエフが
周期律を発見して、
2016年に周期表が完成しました。

| 10 | 11 | 12 | 13 | 14 | 15 | 16 | 17 | 18 |
|----|----|----|----|----|----|----|----|----|
| | | | | | | | | ²He |

シリコンはケイ素
ともいいます。

| 5 B ホウ素 | 6 C 炭素 | 7 N 窒素 | 8 O | 9 F | 10 Ne |

| 13 Al アルミニウム | 14 Si ケイ素 | 15 P リン | 16 S | 17 Cl | 18 Ar |

| 28 Ni | 29 Cu | 30 Zn | 31 Ga ガリウム | 32 Ge ゲルマニウム | 33 As ヒ素 | 34 Se | 35 Br | 36 Kr |

| 46 Pd | 47 Ag | 48 Cd | 49 In | 50 Sn | 51 Sb | 52 Te | 53 I | 54 Xe |

| 78 Pt | 79 Au | 80 Hg | 81 Tl | 82 Pb | 83 Bi | 84 Po | 85 At | 86 Rn |

| 110 Ds | 111 Rg | 112 Cn | 113 Nh ニホニウム | 114 Fl | 115 Mc | 116 Lv | 117 Ts | 118 Og |

| 64 Gd | 65 Tb | 66 Dy | 67 Ho | 68 Er | 69 Tm | 70 Yb | 71 Lu |

| 96 Cm | 97 Bk | 98 Cf | 99 Es | 100 Fm | 101 Md | 102 No | 103 Lr |

日本が発見
2016年に命名。

作図：Sumiko Kido

## ダイオードの構造

**ダイオード**は、p形半導体とn形半導体を合わせた構造をしています。順方向では、前項で説明したしきい（閾）値電圧を超えると電流が流れ始めます。一方、逆方向では電流が流れません。このことを**整流作用**と呼びます。

順方向は「電池のマイナス端子から出たマイナスの粒が大勢で攻めていってp形半導体を貫通する」、逆方向は「マイナスの粒がp形半導体中のプラスとぶつかることで消えて、貫通できない」というイメージで覚えましょう。

### ダイオードの構造と電流の流れ方

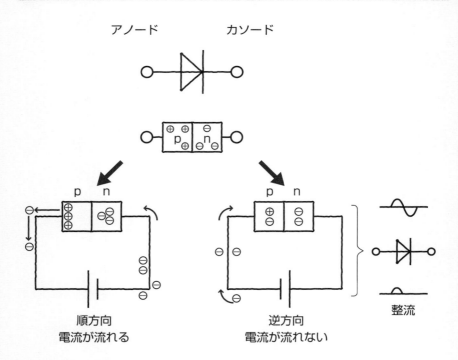

※電子は、電流とは逆の向きに移動する。

## トランジスタの構造

　**トランジスタ**は、バイポーラトランジスタとMOSトランジスタに大別されます。**バイポーラトランジスタ**は、前項のダイオードを2個つなぎ合わせたような形をしています。図中の矢印の向きでnpn形、pnp形を判断することができます。

　一方、**MOSトランジスタ**は、Metal-Oxide-Semiconductorという名前のとおり、金属（導体）-酸化物（絶縁体）-半導体という構造となっています。端子名をゲート、ドレイン、ソースと呼び、図中の矢印の向きでNMOS、PMOSを判断します。

**バイポーラトランジスタとMOSトランジスタ**

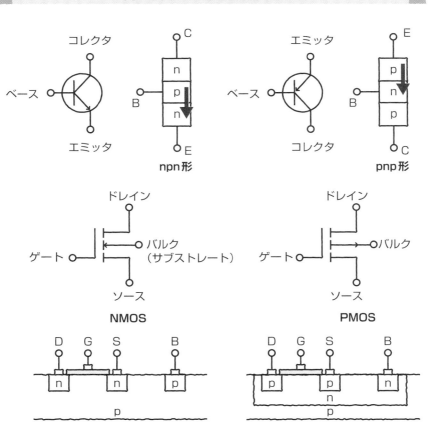

# 1-10 ICの中身を覗いてみよう

## Point

電子回路で利用されるトランジスタは、1個から数万個まで様々です。集積回路（IC*）ができるまでを簡単に見てみましょう。

## 個別部品とIC

電子回路は、通常、個別部品（ディスクリートパーツ）を組み合わせて機能を実現します。部品を実装する際には、ブレッドボードやユニバーサル基板を用いるのが一般的です。基板加工機がある場合は、削り出しによる基板作成も可能です。

**部品の抜き差しが自由なブレッドボード**

個別部品

ブレッドボード

パーツをそろえるのも
大変だが、
整理するのも大変。

---

＊**IC**　Integrated Circuit の略。

**はんだ付け必須の回路基板から集積回路へ**

ユニバーサル基板（表）

ユニバーサル基板（裏）

削り出し基板（表）

削り出し基板（裏）

集積回路（ふたをとった状態）

写真では大きく見えるが、
中央の集積回路は
一辺が2.3mm。

　部品点数が多くなる場合、ディスクリートパーツではなく集積回路 (IC) として1つのチップに収めることが検討されます。現在、多くの大学や高専では、**VDEC**\*のおかげで、企業で実際に利用されるCADやシミュレータの利用が可能となってきており、希望すれば自分のオリジナルの集積回路を設計できる状況です。

## ICの中身とレイアウト

　ICの中には、トランジスタ、抵抗、コンデンサなど、素子がたくさん詰め込まれています。現在、主流であるMOSトランジスタを用いたインバータ (トランジスタ2個で作ることができる入力と出力を反転させる回路) の回路図とレイアウト、チップ全体を図に示します。このように、CADを用いて幾何学的に素子を描くこと (**レイアウト**と呼びます) により、集積回路ができ上がります。

### パソコンで電子回路を設計

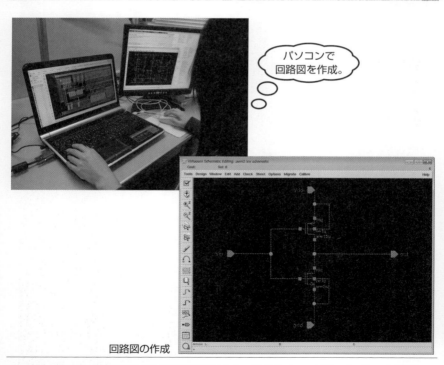

パソコンで
回路図を作成。

回路図の作成

---

\* **VDEC**　東京大学の大規模集積システム設計教育研究センター (VLSI Design and Education Center) の略称。
2019年10月以降はシステムデザイン研究センター (d.lab) として活動継続中。

**シミュレーションとレイアウトを経てチップ完成**

シミュレーション

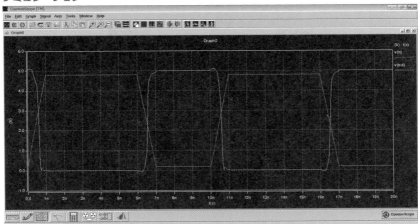

レイアウト

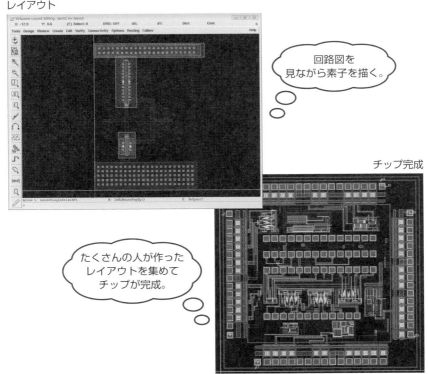

回路図を
見ながら素子を描く。

チップ完成

たくさんの人が作った
レイアウトを集めて
チップが完成。

　このあとは、データからチップを試作してくれる会社に渡して、数か月待ちます（このデータを渡すことを**テープアウト**と呼び、大切な日なので「お疲れさま」という意味を込めて宴会などをしてみんなで喜びます）。

　なので、IC設計といってもトランジスタを触ったりせず、コンピュータの前でシミュレーション、レイアウトという作業で作成できる、ということを頭の片隅に留めておいてください。

　通常、試作はファウンドリ（試作請け負い企業）に依頼するため、実際にクリーンルームに入って作業することは少ないと思います。実際の作り方を詳しく知りたい方は「半導体工学」に関係する本を読んでみてください。

**クリーンルームでの作業**

ICはホコリ1つないきれいな環境で作られる。

# トランジスタ利用の準備運動
## …便利なhパラメータという考え方

> **Point**
>
> 本節からトランジスタを使った回路について考えていきます。
> ウォーミングアップとして、トランジスタを電気回路の知識で置き換える**hパラメータ**という考え方をマスターしましょう。

### トランジスタと等価回路

トランジスタの動作を言葉で表すと「小さな入力電圧（電流）を大きな出力電圧（電流）として取り出す」といえます。トランジスタの入出力特性からもわかるように、$V_{BE}$を加えて$I_B$を流し、それを大きな$I_C$という電流で取り出すということです。

トランジスタを電気回路の知識で置き換えた等価回路

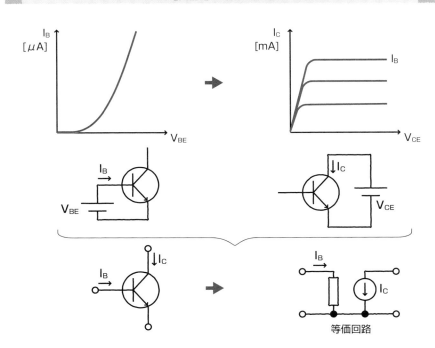

等価回路

これを電気回路で学んだ素子を利用して表したものが前ページの図です。トランジスタの動きと「等価」な「電気回路」ということで**等価回路**と呼びます。

## hパラメータ

前述の等価回路の入力と出力の関係を整理してみます。トランジスタの入力と出力は次の図のようになり、その関係は図中の式で表されます。

**トランジスタとhパラメータ**

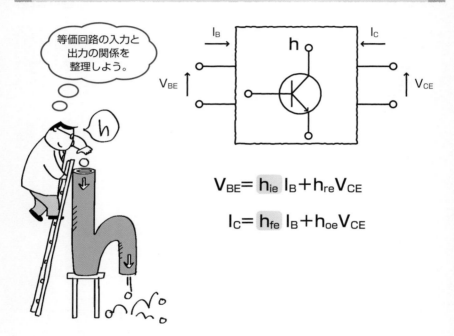

$$V_{BE} = h_{ie} I_B + h_{re} V_{CE}$$

$$I_C = h_{fe} I_B + h_{oe} V_{CE}$$

式に出てくる4つのパラメータ（$h_{ie}$、$h_{fe}$、$h_{oe}$、$h_{re}$）を**hパラメータ**と呼びます。$h_{oe}$、$h_{re}$をとても小さいと考え、$h_{ie}$、$h_{fe}$のみで表した等価回路のことを**簡易等価回路**と呼び、次ページの図のようになります。

入力する電流の流れ込みにくさを表した**入力インピーダンス**を$h_{ie}$、その入力電流に対して、出力では何倍の電流に増えたかという**電流増幅率**を$h_{fe}$という記号で定義します。

## $h_{ie}$と$h_{fe}$を用いた簡易等価回路

$$h_{ie} = \frac{\Delta V_{BE}}{\Delta I_B}\bigg|_{V_{CE}=0} \quad : 入力インピーダンス$$

$$h_{fe} = \frac{\Delta I_C}{\Delta I_B}\bigg|_{V_{CE}=0} \quad : 電流増幅率$$

### Column

## 電子回路で使う記号の大文字、小文字、添え字

電流$I_B$と書く場合と電流$i_b$と書く場合の違いは何でしょうか？　ズバリ、直流か交流（小信号）かということです。

このように、直流と交流を分離して書くことにより、第2章で説明する信号増幅やバイアスという考え方がわかりやすくなります。電子回路の入門者はこの大文字、小文字、添え字で混乱することが多いと思いますので、しっかり区別するようにしてください。

また、電圧$V_{BE}$と書く場合は、E端子からB端子向きの矢印で表す電圧のことを意味します。電圧や電流の矢印の向きも入門者の大きな壁の1つだと思います。簡単なことですが、しっかりマスターすることをおすすめします。

## 第1章でホントは触れたかったこと

第1章では、電気回路の基礎と電子回路の導入を意識しました。以下の点が気になった方はいますか？

**質問**：パルスの立ち下がりは急峻な変化をしているが、微分波形はどうなる？

**回答**：もちろん下に向かうスパイク状の波形となります。マイナス側に波形が出ると混乱することが多いので、あえて描きませんでした。ここに気付いた人は、波形と微分の関係がわかり始めたのかもしれません。

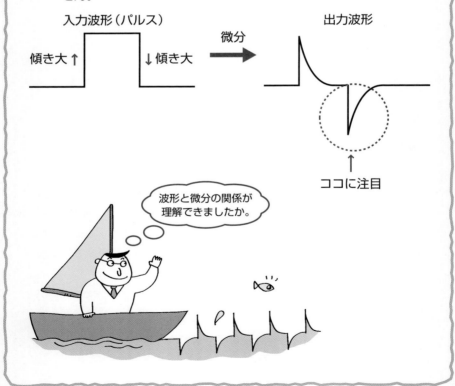

第 **2** 章

# アナログ電子回路の役割

## 「増幅」のイメージと計算

　本章では、いよいよ「増幅」のイメージをつかんでい
きます。まずは、電子技術者が当たり前に使うdB（デ
シベル）という単位を自在に使いこなせるようになり
ましょう。増幅させるための下準備（バイアス回路）や
増幅させる相手（負荷、入力・出力インピーダンス）を
意識できるようになると、「増幅」の理解もさらに深ま
ります。また、本章の最後には、トランジスタの持つ
「増幅」以外の特徴である「スイッチング」についても
触れ、デジタル回路への橋渡しをします。

# 2-1 信号を「増幅」させる
## …電圧増幅率、電流増幅率

> ## Point
>
> ここでは、信号とは何かを理解し、「増幅」のイメージについて、第1章で学んだhパラメータや特性図を利用して学びます。

### 信号と「増幅」

信号とは電気の波です。音で考えると、縦軸の**振幅**によって大きく聞こえたり、小さく聞こえたりします。また、横軸で1秒間に何回波が来たか（周波数）によって、高く聞こえたり、低く聞こえたりします。

例えば、音楽の授業で習ったドレミファソラシドのラの音は、1秒間に440回の波（周波数440[Hz]）を持つ信号だといえます。

音の大きさと高低

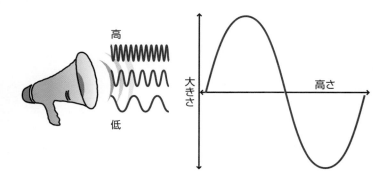

よって**増幅**とは、ある周波数の信号をある一定の大きさに増やすことをいいます。

## 電圧増幅率・電流増幅率

トランジスタに抵抗を1つ付けた回路が次の図です。前章でも解説したとおり、トランジスタは、入力の電流である$i_b$を大きな電流$i_c$に増幅するという性質を持っています。つまり、この回路の形の場合、$h_{fe} = i_c / i_b$というのが**電流増幅率**そのものになります。

**電流増幅率とは**

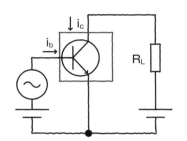

信号の変化分を表す
$\Delta$ (デルタ) は省略しています。

$$A_i = h_{fe} = \frac{i_c\,[\mathrm{mA}]}{i_b\,[\mu\mathrm{A}]} : 電流増幅率$$

次に、このトランジスタの部分を前章で学んだ等価回路に置き直してみましょう。そして、入力部分と出力部分でキルヒホッフの法則を使って式を立てます。あとは計算すると**電圧増幅率**が求められます。

**電圧増幅率とは**

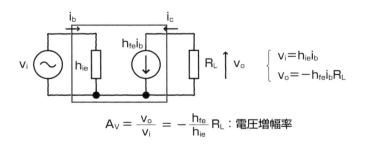

$$\begin{cases} v_i = h_{ie} i_b \\ v_o = -h_{fe} i_b R_L \end{cases}$$

$$A_V = \frac{v_o}{v_i} = -\frac{h_{fe}}{h_{ie}} R_L : 電圧増幅率$$

このように、トランジスタに抵抗を1つ付けるだけで、電流や電圧を増幅する仕組みを簡単に理解できます。

# 2-2 グラフの縦軸は「倍」ではなく「デシベル」

🔑 **Point**

　日常生活で使う「倍」という言葉に変えて、電気・電子・情報の分野では、dB（デシベル）という単位がよく使われます。エンジニアへの第一歩としてdBという単位を覚えましょう。

### デシベル[dB]

　「10000000000倍と書いて何倍か」すぐにいえる人はいますか？　0の数を数えるのが大変ですね。これを**デシベル**で表すと200[dB]となります。40[dB]は100倍、20[dB]は10倍です（20[dB]ごとに10倍になる）。このように、デシベルという単位は、増幅率のようなとても大きな値を表すのに最適です。

倍とデシベル

```
　┌────────────────┐
　│  覚えよう！      │          200[dB] ……………… 40[dB]  20[dB]
　│                │          ⌢⌢⌢⌢⌢⌢⌢⌢⌢⌢⌢⌢⌢
　│ 20[dB]＝10倍    │          10000000000 倍
　│ 40[dB]＝100倍   │                 ‖
　└────────────────┘             200[dB]
```

　おまけにデシベルを使うと、例えば40[dB]と20[dB]の増幅器を直列に接続した場合の増幅率は60[dB]、などと足し算で済みます。このように、とても便利な単位であると覚えてください。

補足

　[dB]のd（デシ）は、[dL]などのdと同じで$10^{-1}$を表す接頭辞というものです。いままでさりげなく使ってきましたが、[kΩ]のk（キロ）も$10^3$を意味する接頭辞です。

## 直列接続のデシベル表現

足し算でOK

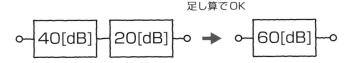

以上は電圧の話でした。参考までに、倍とdBの変換式は次図のようになっていて、電力の場合は電圧の場合と係数が異なります。余裕があれば、倍からdB、dBから倍、という両方向への変換ができるようにしましょう。その際、積極的に関数電卓を利用してください。

## デシベルと倍の変換式

電圧の場合

$$20 \log_{10}(10倍) = 20[dB]$$
$$10^{\frac{20dB}{20}} = 10倍$$

電力の場合

$$10 \log_{10}(10倍) = 10[dB]$$
$$10^{\frac{10dB}{10}} = 10倍$$

関数電卓の log yˣ キーを使いこなしましょう

$$関数電卓の \boxed{\log} \boxed{y^x} キーを使いこなしましょう$$

　電圧レベルで20[dB]=10倍や40[dB]=100倍のような代表的な値は、ぜひ、記憶しておいてください。

## 片対数グラフとデシベル

　dBと共に頻繁に用いられるものとして、**片対数グラフ**と呼ばれるものがあります。これは、横軸が対数表現となっていて、10倍ごとに規則的に作られたグラフです。1[GHz]（1000000000[Hz]）のように大きな値を扱うのに向いています。

　つまり、増幅器がどのくらいの周波数まで、そしてどのくらいの大きさで増幅できるかということを表すためには、片対数グラフを用いて縦軸をdB、横軸を対数で表すと便利だということがわかると思います（これに関して詳しくは、「制御工学」「ボード線図」というキーワードで教科書を探すと、もっと深く勉強できます）。

### ふつうのグラフと片対数グラフ

ふつうのグラフ

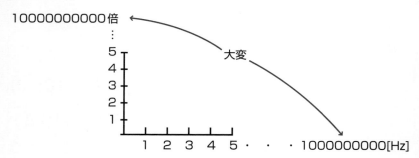

片対数グラフ

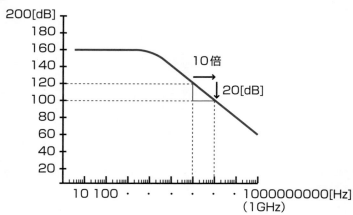

# 2-3 トランジスタの特性図から「増幅」を読む

 **Point**

2つの特性図から「増幅」をイメージできるようにしましょう。ポイントは、軸の名称と単位を覚えることです。

## トランジスタの入力特性と出力特性と電流増幅率

第1章のトランジスタの説明にも出てきましたが、復習も兼ねておさらいをしましょう。トランジスタの重要な特性として、入力特性（$V_{BE}$-$I_B$特性）と出力特性（$V_{CE}$-$I_C$特性）があります。

下図は典型的な特性図です。例えば、左図のように0.6[V]の$V_{BE}$をかけたとすると約20[$\mu$A]の$I_B$が流れます。次に、右の図のように$I_B$が20[$\mu$A]で6[V]の$V_{CE}$をかけたとすると約1[mA]の$I_C$が流れることになります。

したがって、電流増幅率は$I_C/I_B$=1[mA]/0.02[mA]=50倍となることがわかります。

**特性図から見た電流増幅率**

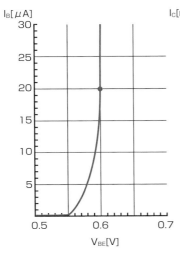

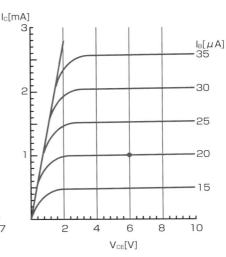

トランジスタ記号でイメージする電流増幅率

$I_B=20[\mu A]$ 　　↓ $I_C=1[mA]$

B

$V_{BE}=0.6[V]$

$$\frac{I_C}{I_B}=\frac{1[mA]}{0.02[mA]}=50倍$$

## 信号とは変化分 –電圧増幅率について–

　もう一度同じ特性図を見てみましょう。信号とは、電圧の変化分なので、入力特性で$V_{BE}$を10[mV]変化させてみると、$I_B$は15[$\mu A$]から25[$\mu A$]まで変化します。

入力特性と信号

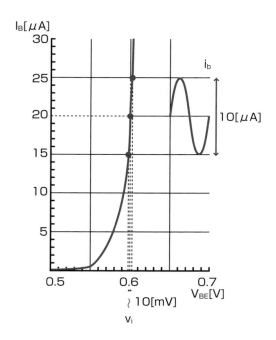

その変化を出力特性に当てはめてみましょう。Icが0.5[mA]から1.5[mA]まで変化したことになります。よって、VCEは4[V]変化したことになります。

**出力特性と信号**

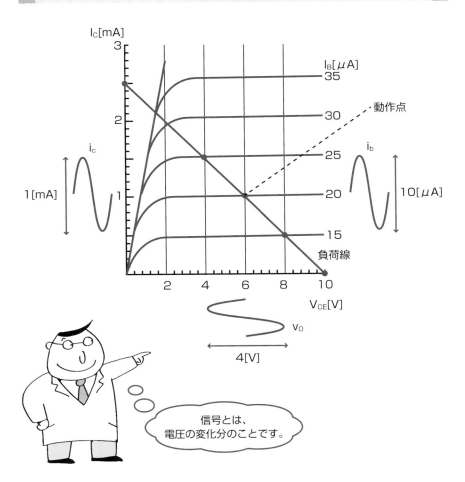

つまり、電圧増幅率はΔVCE/ ΔVBE＝4[V]/10[mV]で約400倍となります。

なお、図中の左上から右下への直線に関しては、次節で説明します。

# 2-4 「増幅」させるための下準備

…縁の下の力持ち「バイアス回路」

> ## 🔑 Point
>
> 　ところで、先ほどの入力特性と出力特性の$V_{BE}$と$V_{CE}$は、どのように決定するのでしょうか。負荷線、動作点という言葉と4つのバイアス回路を覚えましょう。

## バイアスと動作点

　**バイアス**とは、トランジスタに信号を加える前に「増幅するための準備」として加えておく**直流電圧**のことです。「増幅」がスター選手であれば、「バイアス」は縁の下の力持ちです。具体的には、次図の$V_{BB}$と$V_{CC}$を準備することです。

**トランジスタ回路とバイアス**

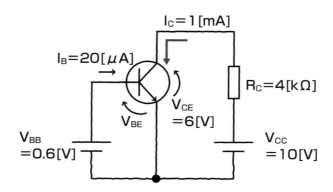

　先ほどの特性図をもう一度示します。$V_{BE}=0.6[V]$は、$V_{BB}=0.6[V]$の電池をベースにつなぐと実現できそうです。この$V_{BE}=0.6[V]$を**動作点**と呼びます。

---

**用語解説** バイアスをかける：一般的に、ある値や事象に下駄をはかせたり偏りを加えたりすることを意味します。電子回路でバイアスといった場合は、信号を振らせるための基準電圧を加えること、と覚えましょう。

**入力特性と動作点**

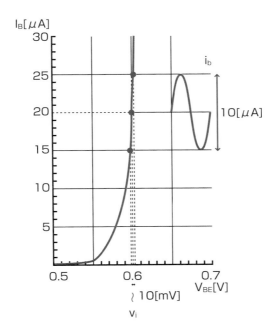

　次に$V_{CE}=6[V]$は、回路図の出力側にキルヒホッフの法則を適用すれば求めることができます。

$$I_C=-\frac{1}{R_C}V_{CE}+\frac{V_{CC}}{R_C}$$

　この式は傾きが$-1/R_C$で切片が$V_{CC}/R_C$の直線となります。この線のことを**負荷線**と呼び、$R_C$の大きさによってその傾きが変わってきます。

　前ページの図の例のとおり、$V_{CC}=10[V]$、$R_C=4[kΩ]$とすると、$I_C=0[A]$のとき$V_{CE}=10[V]$、$V_{CE}=0[V]$のとき$I_C=2.5[mA]$になり、この２つの点を結ぶと負荷線になります（次ページ図）。

その後、先ほど設定した$I_B$=20[μA]との交点を求めると$V_{CE}$=6[V]という点が求まります。$I_B$=20[μA]と$V_{CE}$=6[V]の交わった点を**動作点**と呼びます。

**出力特性と動作点**

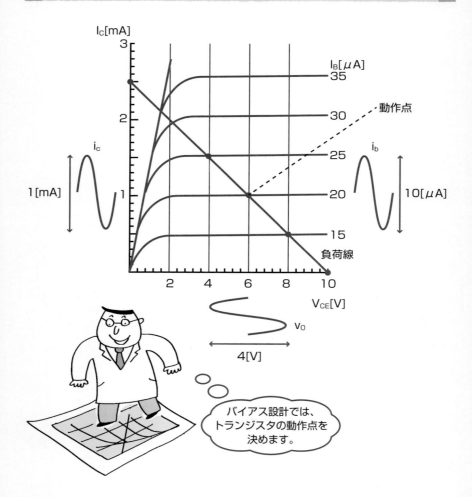

このように、電池などの直流電源を使ってトランジスタの動作点を決めることを**バイアス設計**と呼びます。これに関しては、第3章で紹介する検定教科書がわかりやすいと思いますので、おすすめします。

## いろいろなバイアス回路

　教科書に初めて出てくるバイアス回路は、次図のようなもので、電源を2つ利用する**2電源バイアス**です。そこから電源を1つに減らした**固定バイアス**、**自己バイアス**、そして一般的に用いられる**電流帰還バイアス**というものがあります。

　バイアスがフラフラ動いてしまうと、動作点が動いてしまい、安定した増幅が得られません。バイアスの安定度も計算によって求めることができますが、他の教科書に譲ります。本書では、バイアス回路の形と名前をしっかり覚えましょう。

いろいろなバイアス回路

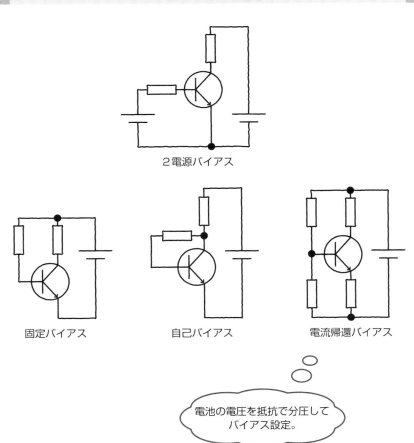

2電源バイアス

固定バイアス　　　　自己バイアス　　　　電流帰還バイアス

電池の電圧を抵抗で分圧して
バイアス設定。

## 2-5 誰が何を「増幅」させるか
### …入出力インピーダンス

🔑 **Point**

「増幅」するためには、信号を回路に入れて取り出さないといけません。回路の入口と出口で電流の入り込みやすさと出やすさが違います。増幅回路に何をつなぐか？ ということを考えながら、入出力インピーダンスを理解しましょう。

### ■ 入力インピーダンスが小さいと大問題

信号源には、もれなく抵抗が付いてきます。それを受ける回路の入り口にも、もれなく抵抗が付いてきます。これを**入力インピーダンス**と呼びます。

入力インピーダンス $Z_2$ が信号源の抵抗 $Z_1$ に比べてとても小さかったらどうなるでしょうか。もはや信号が回路に伝わらなくなります。したがって、回路の入力インピーダンス $Z_2$ は、大きいほうが得！ ということになります。

### ■ 出力インピーダンスが大きいと大問題

「増幅」した信号を取り出すためには、LEDやモータのような「負荷」が必要です。増幅回路の出口にはもれなく抵抗が付いてきます。これを**出力インピーダンス**と呼びます。この負荷 $Z_2$ と出力インピーダンス $Z_1$ のバランスがとても重要です。

$Z_1$ が $Z_2$ に比べてとても大きかったらどうなるでしょうか。もはや信号が取り出せなくなります。したがって、回路の出力インピーダンス $Z_1$ は、小さいほうが得！ ということになります。

▼入出力インピーダンスに共通の関係式

$$v_o = \frac{Z_2}{Z_1 + Z_2} v_i$$

### 入力インピーダンスの影響

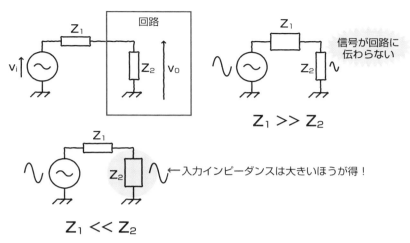

信号が回路に
伝わらない

$Z_1 \gg Z_2$

←入力インピーダンスは大きいほうが得！

$Z_1 \ll Z_2$

### 出力インピーダンスの影響

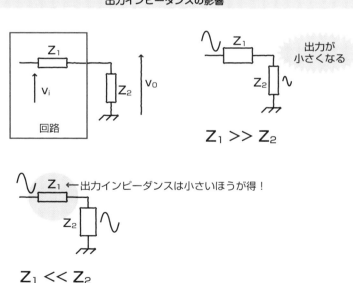

出力が
小さくなる

$Z_1 \gg Z_2$

←出力インピーダンスは小さいほうが得！

$Z_1 \ll Z_2$

Column

## 「増幅」はわかるが「入出力インピーダンス」はわからない

　電子回路を講義していて「トランジスタを使った信号の増幅が理解できました」と言ってもらえると、とても嬉しいです。欲をいえばもう１つ、「入出力インピーダンスって大切なんですね」と言ってもらえると、もっと嬉しいです。

　トランジスタを使うといろいろな信号を大きく増幅できるということはわかりやすいのですが、インピーダンスが……云々と言われても、増幅と何が関係あるの？　ということで、重要性をうまく理解できない学生が大半です。筆者（石川）自身も恥ずかしながら大学の修士課程（23歳前後）くらいまでは、しっかり認識していませんでした。

　わかり始めたきっかけは、入力回路とターゲットの回路をつないでも信号が伝わらなかったときに指導教授から言われた「バッファを付ければいいじゃない」という言葉でした。

　このようなときに役に立つのが、入力インピーダンスが大きくて出力インピーダンスが小さい、バッファ回路です。このバッファ回路を入力回路とターゲット回路の間に入れた途端、動き出したのです。このことをきっかけに筆者は入出力インピーダンスの重要性を認識しました。2-5節で説明したことをしっかり理解していただけると嬉しいです。

# 2-6 トランジスタの「スイッチング作用」とデジタル回路との関係

## Point

トランジスタはある一定の電圧（$V_{BE}$）をベース-エミッタ間に加えると電流（$I_C$）が流れる素子である、ということを理解したら、スイッチングという現象が理解できます。デジタル回路の扉をノックしましょう。

### 理想的なトランジスタ

トランジスタは、入力に電圧を加えると電流が流れます。つまり、スイッチをONにした状態と同じです。このことを利用すると、次図のように5[V]（1）、0[V]（0）というデジタル値を表現できます。これをトランジスタの**スイッチング作用**と呼びます。

トランジスタとスイッチの関係

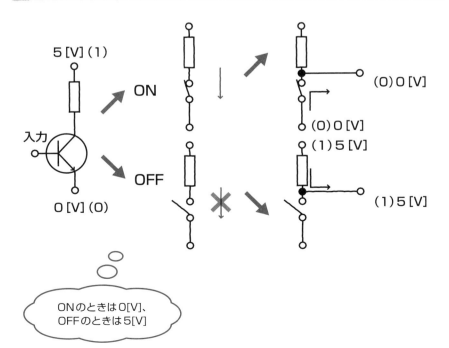

ONのときは0[V]、OFFのときは5[V]

## 現実的なトランジスタ

トランジスタはスイッチの働きをする、という話をしましたが、世の中そんなに甘くありません。ONになったときに実は少し抵抗があって電圧降下が発生します。これによって、トランジスタがONとなるとき、デジタル値の0は0[V]ではない場合が発生することを頭の片隅に留めておいてください。

**トランジスタスイッチの現実**

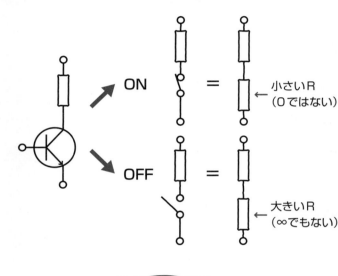

Column

## 筆者（石川）の電子回路遍歴
## なぜアナログとデジタルの両方を教えることに？

　本書では、アナログとデジタルの両方の基本を紹介しています。筆者は、工業高校在学中に電子回路に出会いました。漠然と「電子回路」に携わる仕事をしたいと考えるようになり、大学では、卒業研究で簡易CPUのFPGA実装、大学院でLSI設計環境構築を経験し、アナログフィルタ、可変論理回路の研究をしてきました。いま考えると、アナログ、デジタルの両方を行ったり来たりしている気がします。

　若いうちは特に好奇心旺盛でアナログ、デジタルの区別なく突っ走ることができます。昼夜を忘れて研究室に入りびたり、教授たちとの議論を通じて現在の基礎が築かれたと感じています。

　最近、「私はアナログ回路」「私はデジタル回路」と早い段階で決めてしまう学生が多いようです。確かに、早いうちに自分のやりたいことを見付けることも重要ですが、世界と戦っていくためには、若いうちにいろいろな経験を積むことが重要です。本書で少しでも電子回路に興味を持って、アナログ、デジタルなどにとらわれることなく、自分の世界を広げてもらえたらと思います。

## 第2章でホントは触れたかったこと

　第2章では、増幅作用を中心に紹介しました。縁の下の力持ちであるバイアス回路に関して、以下の点が気になった人はいませんか？

**質問：**バイアス回路は重要そうだけど、バイアスの安定って何？

**回答：**何かしらの原因でコレクタ電流が増えたときを考えてみてください。図のように①～⑤の結果としてコレクタ電流を減少させることができます。これがバイアスの安定というものです。
　　　　バイアス回路の構成によって安定度も違います。一般の教科書では、数式がたくさん出てくるところですが、このあたりの説明は、第3章で紹介する検定教科書の中でわかりやすく説明してあります。ぜひ、一度ご覧ください。

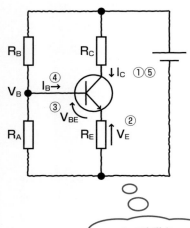

①温度上昇で$I_C$が増加

②$R_E$に流れる電流も①の影響で増加するので
　$V_E$が上昇

③$V_B$は$R_A$、$R_B$（ブリーダ抵抗）で決まっているので、$V_{BE}＝V_B－V_E$で、②より$V_{BE}$が減少

④$V_{BE}$が小さくなると入力特性により$I_B$も減少

⑤$I_B$が減少したということは、結果的に$I_C$も減少

$I_C$の変動を
抑えることができる

第 **3** 章

# 大学、高専、工業高校 で学ぶ電子回路
## 専門書の読み方

　本章では第2章までの基礎を踏まえて、いわゆる「学校」ではどのように電子回路を学んでいくのか、を説明します。トランジスタに付ける抵抗の位置を少し変えただけで、回路の特徴が変わってきます。ここでは3つの基本回路を習得しましょう。本章を通じて、電子回路学習のポイントと自学による力の付け方、将来への活かし方を考えてみましょう。

# 3-1 工業高校検定教科書と市販教科書
…電子回路を好きになる読み方

## 🔑 Point

中学校を卒業して電子回路を学ぶ人に最適な「工業高校検定教科書」。それと併用することによって効果倍増の市販教科書。電子回路を深く学んでいくためのヒントをつかみましょう。

## 工業高校検定教科書

電子回路関連の本はたくさんありますが、書店ではあまり見かけない本もあります。それが**検定教科書**です。これは、文部科学省の検定に合格した教科書のことで、工業高校などで使用されます。

特徴は、文章が読みやすく、中学校卒業程度の知識で挑戦可能ということです。内容は次ページのようになっており、網羅型といえます。

具体的な数値を用いた計算が多く、ふつうの教科書では飛ばしてしまうような計算過程も示してあります。

---

### Column

## 検定教科書の購入について

学校で教科書を児童・生徒・学生に円滑に供給するため、全国教科書供給協会という組織が設立されています。教科書・一般書籍の供給会社がほぼ全ての都道府県にあり、最終的には、教科書取扱書店から学校に対して教科書の供給が行われています。

工業高校検定教科書は、このような形で流通していることから、優れた内容にもかかわらず、なかなか一般の書店で見かけることはないという特徴があります。購入に関しては、お近くの教科書取扱店に相談してみてください。

　本書を読み終わったあとに、検定教科書を見ることによって、電子回路の知識に枝
葉を付けていくことをおすすめします。

　下記の目次のうち、色の付いている部分が、本書では説明していない部分です。裏
を返せば枝葉です。その他の部分が「幹」ということになります。そう考えると、分
量も少なくてやる気になりませんか？

**電子回路検定教科書の目次例**

　本書の第5章で学ぶデジタル回路に関しても、最適な検定教科書があります。『ハードウェア技術』という教科書名になっています。一般の教科書では、「論理回路」や「デジタル回路」などを含む書名が付けられています。

　ただし『ハードウェア技術』は、論理回路の割合に比べて、コンピュータや通信の仕組みに関する割合が多くなっており、論理回路を学ぶというよりは、コンピュータの中身を知るというコンセプトのようです。

## 電子回路を好きになるために押さえておきたい事項

　検定教科書も実は、初学者にとってはとても難しく感じると思います。しかし、本書でしっかりとした「木の幹」を作っておいてから目次を眺めてみると、頭の中にス〜っと入ってくるはずです。

　それでは、電子回路を好きになるための「5つの質問」を示します。一般的な電子回路の教科書は、半導体、ダイオード、トランジスタ、増幅の原理と計算、演算増幅器という順番で進んでいきます。大きな流れをつかむことが重要です。

**質問1**　真性半導体と不純物半導体の違いを説明してください。

**質問2**　pn接合、順方向電圧、逆方向電圧という言葉を説明してください。

**質問3**　バイポーラトランジスタとMOSトランジスタの構造を説明してください。

**質問4**　エミッタ接地回路を例に増幅作用を説明してください。

**質問5**　演算増幅器を用いた反転増幅回路を説明してください。

　これらの質問にすべて答えられるようになれば、電子回路の初歩はクリアです。まずは、これに答えられるように本書を何度も読みましょう（答えは、第4章末に掲載しました）。

一般的な電子回路の教科書で学ぶこと

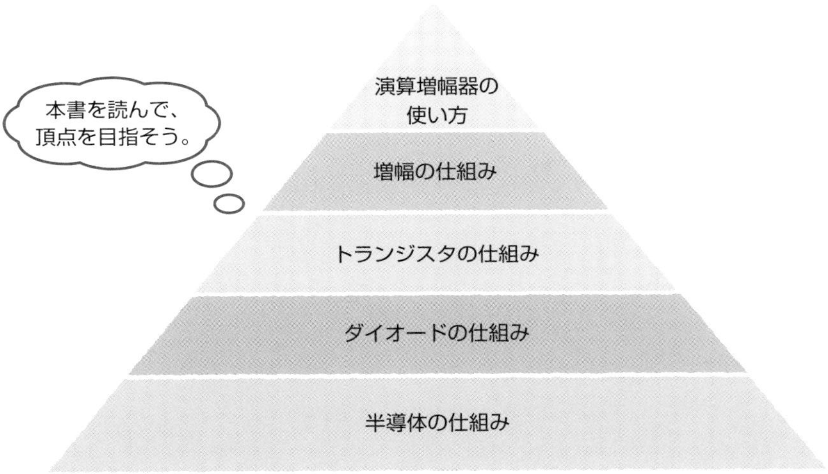

---

**Column**

## 筆者(石川)が工業高校で学んだこと、大学や高専で学ぶこと

　筆者（石川）は、工業高校生時代に検定教科書を使って、電気回路や電子回路を勉強しました。大学で学ぶ電子回路との違いは、「高度な数学（微分方程式など）と結び付くか否か」というところだと思います。特に筆者の場合、頭の中でjωと微積分のリンクができたとき、爆発的に理解が進みました。工業高校、大学、高専という、電子回路を教えるメインストリームを（学生または教官として）すべて経験した上で、検定教科書をすすめる理由は、「この教科書のおかげで電子回路を嫌いにならずに済んだ」という感謝の気持ちがあるからです。数学は確かに大切です。しかし、「難しい！」といったん思ってしまうと、その思いを消し去るのは至難の業です。購入に少しハードルはありますが、本書の次は、工業高校検定教科書を手にとられることをおすすめします。

# 3-2 トランジスタが便利な形に変身
## …4つの等価回路との付き合い方

🔑 **Point**

　ここでは、電気回路の知識を使ってトランジスタの等価回路について考えます。専門書によっては、使われている等価回路が違うという場面に遭遇します。そんなときもビックリしないように、全体を把握しましょう。

### ■ 小信号等価回路と電気回路の知識

　トランジスタの特徴は何といっても「増幅」です。**増幅**とは、小さな信号を大きな信号に変えることです。しかし、トランジスタには非線形性があって取り扱いが難しいので、その振る舞いを**小信号等価回路**\*として表すことが重要になってきます。実は、専門書によって使われている等価回路が違うときがあります。等価回路には、手計算に向いているものから、コンピュータシミュレーションに向いているものまで、いろいろあります。

増幅とは、
小さな信号を大きな
信号に変えること。

増 幅

---

**用語解説** **非線形**：一般的に、y＝axのような比例関係があるものを線形といい、y＝ax²などの高次の関数を**非線形**と呼ぶことが多いです。非線形とは、ダイオードやトランジスタのV-I特性のようにグニャッと曲がった複雑な特徴を持つもの、と覚えましょう。

　前章で紹介したhパラメータをマスターしたら、他の表現の仕方にも触れておきましょう！　本書では、検定教科書で使われているhパラメータを用いて説明をしています。

## いろいろなトランジスタ等価回路

　ここでは、専門書でよく見かける4つの等価回路を紹介します。3つはバイポーラトランジスタの等価回路で、最後の1つはMOSトランジスタの等価回路です。

**hパラメータ**：入力電流を増やすと大きな出力電流が得られる、という現象を数学的
　　　　　　に表した等価回路。
**T型**　　：ダイオードが2つ、というバイポーラトランジスタの構造をそのまま表し
　　　　　　た等価回路。
**π型**　　：現在主流のMOSトランジスタの等価回路と似た形をしている。
**MOS**　：電圧で出力の電流を制御する、というMOSトランジスタの振る舞いを表し
　　　　　　た等価回路。

　4つも出てきて混乱しそうですが、心配ありません。結局は、トランジスタを等価な回路に置き換えているだけです。また、それぞれの等価回路は、相互変換が可能です。本書を通していろいろな等価回路があるということを認識し、とりあえずhパラメータを使った回路に慣れましょう。

---

補足

　身の回りの電子回路の中身は、MOSトランジスタが主流となっており、バイポーラトランジスタもπ型で考えたほうが見通しがいいのでは？　と思いますが、検定教科書を含めhパラメータで解説した本が圧倒的に多いのが現状です。本屋で「等価回路は何を使っているのかな？」ということを考えながら、電子回路の本を探してみると面白いかもしれません。

---

＊**小信号等価回路**　トランジスタを線形近似できる範囲での**等価回路**のことを意味する。本書では、略して等価回路と呼ぶ。

## トランジスタの4つの等価回路

等価回路

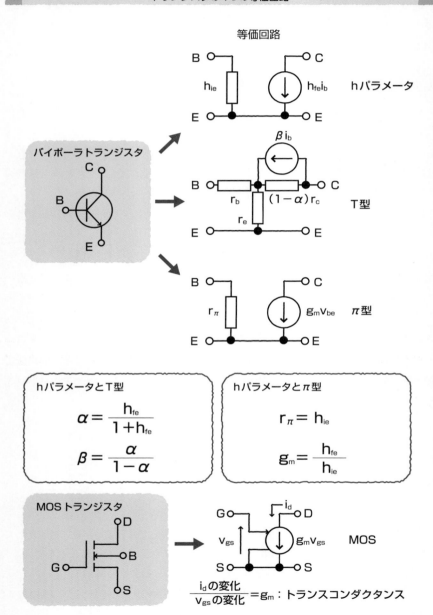

$$\alpha = \frac{h_{fe}}{1 + h_{fe}}$$

$$\beta = \frac{\alpha}{1 - \alpha}$$

hパラメータとT型

$$r_\pi = h_{ie}$$

$$g_m = \frac{h_{fe}}{h_{ie}}$$

hパラメータとπ型

MOSトランジスタ

$$\frac{i_d \text{の変化}}{v_{gs} \text{の変化}} = g_m : \text{トランスコンダクタンス}$$

## 一番ポピュラーな増幅回路
…エミッタ接地回路

### Point

　エミッタ接地回路をマスターすれば、大きな壁は突破です。「増幅回路を作れます」と言えるようになりましょう。

### エミッタ接地回路の特徴

エミッタ接地回路の特徴は次のとおりです。

> 電圧増幅率が大きい、電流増幅率が大きい、入出力が反転

### ● 回路図と等価回路を覚えよう

　エミッタ接地回路の**回路図**は、次ページの左図のとおりです。ここで、「第2章に出てきた回路と同じでは？」と気付いてもらえたでしょうか？　実は、すでにその動作は説明済みなのです。ここでは回路の特徴を覚えましょう。

　図を見るとエミッタ端子が接地されています。**等価回路**は右図のとおりで、電圧増幅率 $A_v$ および電流増幅率 $A_i$ を求める式も示してあります。入力と出力の信号が反転しているというのも特徴です。

> 入力：ベース、出力：コレクタ、接地：エミッタ

---

補足

　等価回路を描くときのポイントは、直流電源を短絡させることです。RLが折り返されて下のほうにつながっていることに気付いてください。

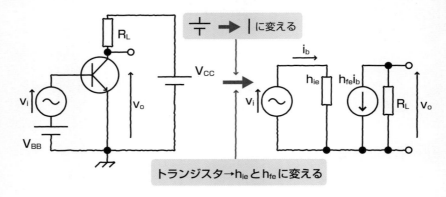

エミッタ接地回路

$$A_V = -\frac{h_{fe}}{h_{ie}}R_L \qquad A_i = -h_{fe}$$

反転

逆相

入力　　　　　　　出力

**Column**

### 3-3節から3-5節は一気に読破してください

　ここから3つの節は、ふつうの専門書では数ページずつを割いて解説してあります。筆者の経験では、結局、頭の中にはエミッタ接地回路しか残らないし、「ほかの2つの接地回路の回路図を描いてください」と言われてもなかなか思い出せない、というのがふつうではないかと思います。それだけエミッタ接地は重要でインパクトが強いのです。

　この3つの節はパラパラとめくりやすいように2ページずつ簡略に書いています。

　本書や他書を読み終えたあとに「接地回路の特徴って何だったっけ?」となった場合は、ここを思い出してください。

# 3-4 出力が反転しない増幅回路
…ベース接地回路

**Point**
　エミッタ接地が終わったら、残り２つの接地回路をマスターしてください。ベース接地回路の特徴を押さえましょう。

## ベース接地回路の特徴

ベース接地回路の特徴は次のとおりです。

> 電圧増幅率が大きい、電流増幅率が１倍、入出力が同相

### ●回路図と等価回路を覚えよう

　回路図は、次ページの左図のようになります。入力、出力、接地の位置を確認しましょう。**等価回路**を、エミッタ接地のhパラメータを利用して描くと右図のようになります。電圧増幅率が大きく、入力と出力が同相（反転していない）という特徴を覚えましょう。

> 入力：エミッタ、出力：コレクタ、接地：ベース

　エミッタ接地回路との違いをしっかり意識しましょう。電流増幅率は、図中の式のように分母・分子に$h_{fe}$があり、１よりはるかに大きい場合、$A_i$は約１倍になることが簡単に想像できるのではないでしょうか。また、入力と出力の信号波形もひっくり返っていません。これを**同相**といい、エミッタ接地回路のように反転している場合は逆相といいます。

---

**用語解説** 同相・逆相：波が重なっていたり（同相）、反転していたり（逆相）することをいいます。つまり、第1章で学んだ「位相」が遅れたり進んだりして起こる現象のことです。

ベース接地回路

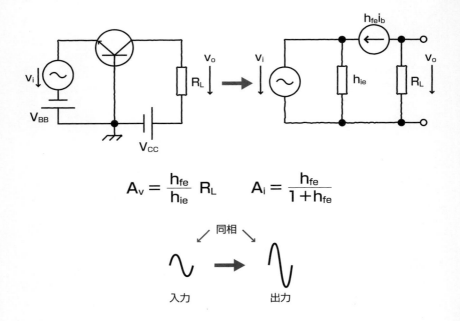

$$A_v = \frac{h_{fe}}{h_{ie}}\ R_L \qquad A_i = \frac{h_{fe}}{1 + h_{fe}}$$

同相

入力 → 出力

---

### Column

## 接地とは何か？

接地とは、何でしょうか？ 回路には基準となる電圧が必要です。電池でいうと−端子のほうを基準にするのが一般的です。

つまり、**グラウンド**、**アース**と呼ばれる0[V]を基準にするということです。エミッタ接地、ベース接地までは、この考え方で理解できると思います。

しかし、3-5節のコレクタ接地では、コレクタ端子が電池の＋端子につながっています。等価回路で表すとわかるのですが、直流の電源は短絡処理します。つまり、基準となる点は＋端子でも−端子でもいいのです。

ちなみに、接地は共通といわれるときもあります。エミッタ接地回路は英語ではcommon emitter circuitと書かれます。本によっては**エミッタ共通回路**などと書かれていることもありますので、混乱しないようにしてください。

# 3-5 電圧増幅率が１倍？ 増幅回路なの？
## …コレクタ接地回路

> **Point**
>
> バイポーラトランジスタ３つ目（最後）の接地回路です。この回路の特徴は、電圧増幅率が１倍ということです。

## コレクタ接地回路の特徴

**コレクタ接地回路**の特徴は、以下のとおりです。

> 電圧増幅率が１倍、電流増幅率が大きい、入出力が同相

なぜ、増幅率が１倍の回路が必要なのでしょうか？　この回路は、入力インピーダンスが大きく出力インピーダンスが小さいので、緩衝回路（バッファ回路）として用いられ、前段と後段の回路の影響を小さくすることができます。

### ●回路図と等価回路を覚えよう

回路図は、次ページの左図のようになります。同じく入力、出力、接地（前ページのコラム参照）の位置を確認しましょう。先の２つの回路では、コレクタに抵抗を付けて出力を得ていました。しかし、コレクタを接地しなければならないので、抵抗がエミッタに付いています。

等価回路をエミッタ接地のhパラメータを利用して描くと、右図のようになります。ベース接地回路と同様に入力と出力が同相となっていることも、この回路の特徴として覚えてください。また、別名で**エミッタフォロワ**と呼ばれることがあります。

> 入力：ベース、出力：エミッタ、接地：コレクタ

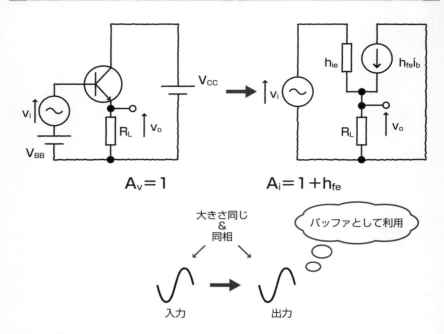

コレクタ接地回路

$A_v = 1$

$A_i = 1 + h_{fe}$

大きさ同じ
&
同相

バッファとして利用

入力 → 出力

---

**Column**

## 3つの接地回路の特徴を復習！

3つの接地回路の特徴を復習しておきましょう。

- **エミッタ接地回路**

  電圧増幅率が大きい、電流増幅率が大きい、入出力が反転

  入力：ベース、出力：コレクタ、接地：エミッタ

- **ベース接地回路**

  電圧増幅率が大きい、電流増幅率が1倍、入出力が同相

  入力：エミッタ、出力：コレクタ、接地：ベース

- **コレクタ接地回路**

  電圧増幅率が1倍、電流増幅率が大きい、入出力が同相

  入力：ベース、出力：エミッタ、接地：コレクタ

#  いま主流のデバイス
## …MOSトランジスタの基礎

### Point

　バイポーラトランジスタは、とても重要なデバイスです。しかし、近頃の電子機器の中を埋め尽くしているのはMOSトランジスタというものです。その特徴を学びましょう。

### MOSトランジスタの構造と回路記号

　MOSトランジスタの製造工程と構造は、次ページの図のとおりです。製造工程は、写真を現像する過程に似ています。

　構造をよく見ると、M（Metal）、O（Oxide）、S（Semiconductor）となっていることから**MOSトランジスタ**と呼ばれます。トランジスタの左右の端子がn形半導体のものを**NMOS**、p形のものを**PMOS**と呼びます。それぞれの回路記号も次ページの図に示しました。

　回路記号の中で、B（バルク）端子の矢印の向きは、p形半導体からn形半導体へという向きです。その他の端子は**ゲート（G）**、**ドレイン（D）**、**ソース（S）**と呼ばれ、バイポーラトランジスタのベース、コレクタ、エミッタに対応すると覚えてください。

　MOSトランジスタには、B（**バルク**）と呼ばれる端子があります（101ページのコラム参照）。一般的に、この端子はS（ソース）端子に接続して利用します。

## MOSトランジスタの製造工程と構造

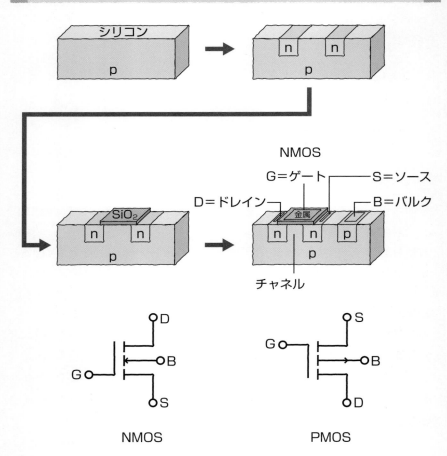

NMOS

G＝ゲート
S＝ソース
D＝ドレイン
B＝バルク
SiO₂
金属
チャネル

NMOS

PMOS

MOS

補足

　図中のチャネルという言葉は非常に重要で、ゲートに電圧をかけてドレイン端子からソース端子に電流が流れるように橋を架ける部分を指します。この橋がはじめからあるものを**デプレッション形**、本書の図のようにないものを**エンハンスメント形**と呼ぶことも覚えておいてください。

**Column**

## MOSトランジスタは3端子デバイス？　4端子デバイス？

　トランジスタは、一般的に3端子デバイスです。バイポーラトランジスタではベース、エミッタ、コレクタ、MOSトランジスタではゲート、ソース、ドレインです。しかし、3-6節の図にあるように、MOSトランジスタには、**バルク**という端子も付いています。バルクは**サブストレート**と呼ばれることもあります。なぜこの端子が必要かというと、シリコン基板とドレイン／ソースとのpn接合が、宙ぶらりんな状態になってしまうのを防ぐ必要があるからです。ちなみに、サブストレートという言葉を使うと頭文字がSとなり、ソースと重なってしまうのでBとしています。

　ということで、MOSトランジスタの4番目の端子であるバルクは、絶対に必要なのです。もっと詳しく知りたい人は、「半導体工学」に関する本でpn接合の仕組みを見てみてください。その際、製造方法の詳細についての解説を読むこともおすすめします。キーワードとしては、フォトリソグラフィ、熱酸化、CVD、スパッタリング、イオン注入、エッチングなどについて調べると、知識が深まります。

## MOSトランジスタの入力特性と出力特性

バイポーラトランジスタと同じように、入力特性（$V_{GS}$-$I_D$）と出力特性（$V_{DS}$-$I_D$）が重要です。バイポーラトランジスタとの違いを意識しましょう。バイポーラトランジスタでは、入力特性の縦軸は$I_B$という電流でした。このように、電流で出力を制御する方式を**電流制御型**と呼びます。

一方、MOSトランジスタは、ゲートが絶縁されているので電流がほとんど流れません。つまり、$V_{GS}$という電圧によって出力電流$I_D$を直接制御するという特徴があり、そのことは下図のグラフを見ただけでも理解できます。したがって、MOSトランジスタは**電圧制御型**と呼ばれます。

**MOSトランジスタの特性**

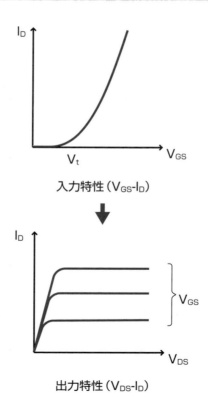

入力特性（$V_{GS}$-$I_D$）

出力特性（$V_{DS}$-$I_D$）

# 3-7 MOSトランジスタを用いた基本回路
### …ソース接地回路

 **Point**

　バイポーラトランジスタのときと同じように、等価回路を導入し、増幅率の計算をしてみましょう。

## MOSトランジスタの等価回路

　MOSトランジスタの基本は、下図の式です。これは**2乗則**と呼ばれているものです。$V_{GS}$がある一定の電圧$V_t$を超えたときに電流$I_D$が流れ始める、という前節の入力特性を表したものです。

　この現象を電気回路の知識で表すと下図の等価回路のようになります。等価回路中の電流源 ⃕ は、**電圧制御電流源**と呼ばれるもので、電圧によって電流を調整できる素子のシンボル図です。

MOSトランジスタの等価回路

$$I_D = \frac{\overset{\text{決まった値}}{\boxed{\mu C_{OX}}}}{2} \frac{W}{L}(V_{GS}-V_t)^2$$

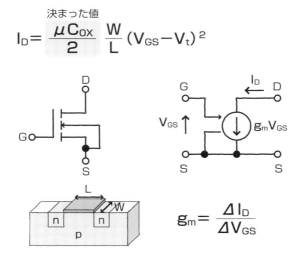

$$g_m = \frac{\Delta I_D}{\Delta V_{GS}}$$

バイポーラトランジスタと違って、電流の大きさは、トランジスタのゲート幅 (W) とゲート長 (L) によって制御できるという特徴があります。したがって、MOS トランジスタの設計とは、各トランジスタの W/L サイズを決定することといっても過言ではありません。

## ソース接地回路

バイポーラトランジスタのエミッタ接地回路にあたる**ソース接地回路**を計算します。特徴は、電圧増幅率が大きく、入出力が反転しているということです。バイポーラトランジスタのときと同様、このほかにゲート接地回路、ドレイン接地回路をマスターすれば完璧です。

ソース接地回路

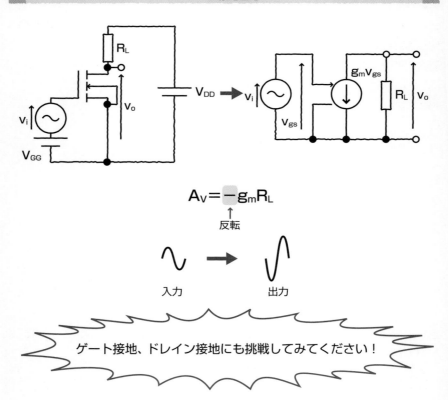

$$A_v = -g_m R_L$$

↑
反転

入力　出力

ゲート接地、ドレイン接地にも挑戦してみてください！

# 3-8 大規模集積回路（LSI）
…差動増幅回路とカレントミラー回路

> 🔑 **Point**
> トランジスタがたくさん詰まったICやLSI＊で利用される技術に触れてみましょう。

## 集積回路とは

**集積回路**とは、トランジスタをたくさん使った回路のことです。いままで学んできたトランジスタ単体や電気回路で学んだ受動素子などを**個別部品（ディスクリートパーツ）**と呼びます。それを集積化したものを**IC**と呼び、足のたくさんあるムカデのような形をしたものを指します。そのICのうち、一定以上の規模のものを**大規模集積回路（LSI）**と呼びます。

IC／LSIの中では、先ほどまで学んできた３つの接地回路などがたくさん使われています。ここでは、集積回路でよく利用される２つの回路（差動増幅回路、カレントミラー回路）を追加して紹介します。

---

＊ **LSI** Large Scale Integrationの略。

 **用語解説** LSI：ICの中に含まれるトランジスタやダイオードなどの集積度によってその呼び方が変わってきます。LSIとは素子数が約 $10^3$〜$10^5$（10万）程度のもので、その上にVLSI（約 $10^5$〜$10^7$ 程度）やULSI（約 $10^7$ 以上）と呼ばれるものがあります。VはVeryでUはUltraの略です。しかし、近年はこの区別があまり明確ではなくなっており、単にICやLSIと呼ばれることも多くなっています。

トランジスタ、IC (集積回路) そしてLSI (大規模集積回路) へ

トランジスタ

IC (集積回路)

LSI (大規模集積回路)

LSIの中身はトランジスタ、抵抗、
コンデンサ、コイルなどが集積化され、
高機能な回路が詰まっている。

## 差動増幅回路

　下図の回路を見てください。MOSトランジスタを２つ使った回路です。入力と出力が２つずつあって複雑そうに見えますが、片方だけを見てみると、なんとソース接地回路です。

　では、なぜこのような形にするのでしょうか。それは、２つの入力に逆向きの信号を加えると大きく増幅され、同じ向きの信号を加えると増幅されないという性質が、集積回路では重宝されるからです。

　２つの入力端子はとても近くにあるので、両方の端子に同じノイズが入ったときには、きれいに除去することができます。信号に関しては、人間が入力するはずなので、あえて反転して両方に入力すれば、ノイズの影響の少ない出力が得られます。

3 章 大学、高専、工業高校で学ぶ電子回路

**ノイズに強い差動増幅回路**

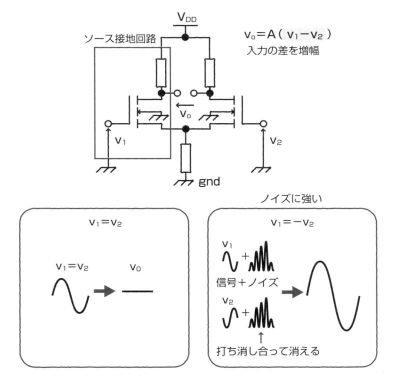

## カレントミラー回路

差動増幅回路と並んで、集積回路で利用される重要な回路ブロックとして**カレントミラー回路**と呼ばれるものがあります。その名もズバリ Current（電流）をMirror（コピー）する回路です。左側と右側のMOSトランジスタのW/Lの比率によって、自由に電流をコピーできます。

また、先ほどの差動増幅回路の抵抗部分を、カレントミラー回路で置き換えることもできます。この回路も集積回路の中ではよく利用されますので、覚えておいてください。

**電流をコピーするカレントミラー回路**

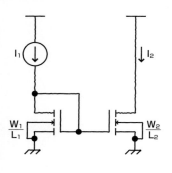

$$L_2=L_1$$
$$W_2=2W_1$$

つまり、Wを2倍にすると

$$I_2=2I_1$$

$I_2$に2倍の電流を流せる！

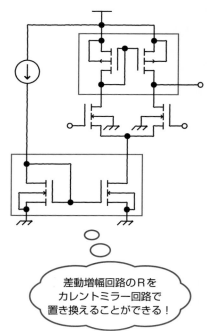

差動増幅回路のRを
カレントミラー回路で
置き換えることができる！

# 3-9 「高性能」を目指して
## …アナログ回路設計のトレードオフ

### Point
優れた回路とは、どんな回路でしょうか。回路の性能を引き出す方法を考えてみましょう。

### 高性能とは？

**高性能**とはどういうことを示すのでしょうか？

電源電圧が低い、消費電流が小さい、立ち上がりが速い、電源電圧いっぱいまで信号を扱える——。これらは、1つの特性をよくすると他の特性が悪くなる、という**トレードオフ**と呼ばれる性質を持っています。

アナログ設計の8角形*

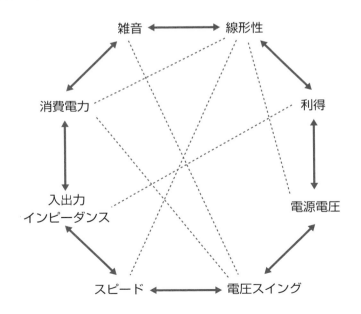

---

*アナログ設計の8角形　出典：アナログCMOS集積回路の設計 演習編、黒田忠広編著、丸善。

　アナログ回路技術者は、これらのトレードオフを考慮しながら、低消費電力でかつ高速に効率よく動作する回路を日々研究しています。

## 超省エネ時代を見据えて

　いままでの回路は、±10数[V]の大きな電圧で動いていました。いまは、手元にあるスマートフォンの電池を見ても数[V]程度です。電池の減りを改善するためには、P（電力）＝E（電圧）・I（電流）という式からもわかるように、より少ない電流で、より低い電圧で動かす必要があります。

　太陽光発電や風力発電など、自然エネルギーを効率よく利用することも省エネ時代に必須です。しかし、電池1本（1.5[V]）でスマートフォンが動く時代を見据えた電子回路の工夫や改善、開発も、今後の超省エネ時代に必要なテクノロジーだということを頭の片隅に留めておいてください。

---

### Column

## 電子回路に関する高専・大学での卒業研究とは？

　大学4年生（22歳）、高専5年生（20歳）になると卒業研究に着手します。先生方からそれぞれの研究室の紹介があったあと、学生の希望調査をして、5名ずつくらいの配属が決定します。定員があるので、希望の研究室に入れたり入れなかったりすることも日常茶飯事です。

　そして、研究室では各人に机・椅子・PCなどが割り当てられて、そこで研究を進めていきます。いままでは教室に先生が教えに来るという受動スタイルだったのが、自らの居場所で能動的に研究をするスタイルに変わります。

　電子回路に関する卒業研究では、達成したい特性（「0.5[V]で動くアンプを作りたい！」など）を決めて、コンピュータでシミュレーションし、試作と実験のあと、卒業論文を書きます。

　この"達成したい特性"を決めることがとても重要です。言い換えると、3-9節の図にあるようなトレードオフを考慮して、指導教員としっかり話し合うコミュニケーション能力が大切だということです。

## 第3章でホントは触れたかったこと

　第3章では、3つの接地回路（エミッタ接地、ベース接地、コレクタ接地）と集積化に向けた方向性（差動増幅回路、カレントミラー回路など）を示しました。以下の点が気になった人はいますか？

**質問：接地回路以外の知識は、必要ないの？**

**回答：** 接地回路については検定教科書にも書いてあるくらいなので、とても重要です。ほかには何が必要かということと、キーワードをまずは覚えてください。大きく4つのジャンルに分けられます。電力増幅回路、信号発生回路、変復調回路、電源回路です。

**電力増幅回路**

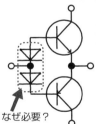

**キーワード**
- A級、B級
- 電源効率
- クロスオーバひずみ

なぜ必要？
B級プッシュプル電力増幅回路

**信号発生回路**

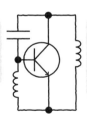

**キーワード**
- コルピッツ
- ハートレー
- VCOとPLL
- マルチバイブレータ

ハートレー発振回路

**変復調回路**

振幅変調波

周波数変調波

**キーワード**
- AM変調
- FM変調
- 変調・復調
- 搬送波

**電源回路**

定電圧ダイオードによる安定化

**キーワード**
- 半波整流
- 全波整流
- 電源変動率
- リプル
- 安定化
- 三端子レギュレータ
- スイッチングレギュレータ

# MEMO

第 **4** 章

# オペアンプを使った
# 演算回路

## トランジスタ数の恐怖

　第3章まではトランジスタを主役として扱ってきました。「難しい回路になるとトランジスタ数が増えていく」というのは、簡単に想像できると思います。それと同時に計算もややこしくなります。最後には、電子回路が「嫌い」になってしまう可能性もあります。しかし、この「トランジスタ数の恐怖」は、電子回路を学ぶ人の誰もが持っている不安であり、それを解消する方法があります。本章では、救世主「オペアンプ」の扱い方をマスターしましょう。

# トランジスタ数が増えると計算できない!?

## 複雑そうな回路図

次ページの回路図は、**オペアンプ**（Operational Amplifier）と呼ばれるものです。日本語では**演算増幅器**と呼び、皆さんが日頃使っている家電製品の中には、必ずといっていいほど入っています。

トランジスタがたくさんありますね。でも、このような回路を意識して、家電製品を使っていますか？　実は、回路を設計する人でさえ、それほど意識する必要はないのです。でも、こんな複雑そうに見える回路の仕組みや働きを見ただけでわかることができれば、ワクワク感も大きくなると思いませんか？

筆者がトランジスタ数の恐怖を解消できたのは大学院のときです。研究者の端くれになると、自分の研究を学会・研究会といわれる専門家が集まるところで発表するのですが、そのとき、（恥ずかしながら）質問やコメントがまったく理解できませんでした。いま考えると理由は簡単です。自分が発表する回路の中身に集中しすぎて、マクロな視点で回路を眺めていなかったことが原因でした。つまり、何事も同じですが、一見複雑そうな回路に遭遇したら、一歩引いて、その回路がなぜ使われているのか？　ということを考えてみると、意外と不安が消えることが多いようです。

これから活躍される電子回路好きな皆さんは「悩みぬく力」と「俯瞰的に考える力」を身に付けてください。

オペアンプの中身を簡単に説明すると、大きく3つに分かれます。入力部、増幅部、出力部です。次ページの図の回路も左から順に3部に分けることができます。その他、入力端子が2つ、電源端子が2つ、出力端子が1つという構造です。オフセットという端子がありますが、これは特性の調整用端子です。

## オペアンプ（TL081）の中身

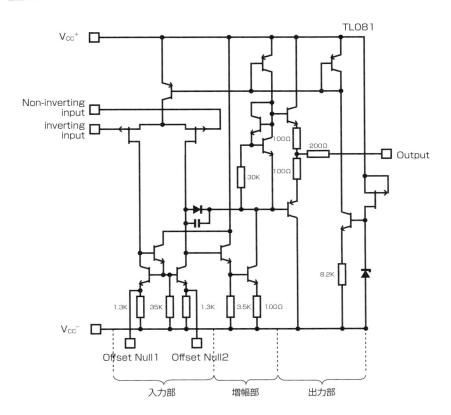

# 4-2 救世主オペアンプ登場
## …ブラックボックス&バーチャルショート

🔑 **Point**

　電子回路で最もよく登場するオペアンプ。その特徴をつかんでみましょう。

## ブラックボックスという考え方

　トランジスタがたくさんある回路は、下図のようなブラックボックスに置き換えることができます。この手法は、電気回路や電子回路などの工学分野でよく使われる方法です。

　入力と出力の関係だけに着目して、「内部はどんな仕組みになっているか」までは考えないという手法です。これを**ブラックボックス化**するといいます。実は、すでにトランジスタをブラックボックス化して、hパラメータで表す使い方をご存じですね。

入出力とブラックボックス

入力　　ブラックボックス　　出力

---

 **ホワイトボックス**：アナログ電子回路では、ブラックボックスという言葉はよく使われますが、ホワイトボックスという言葉はあまり聞きません。ソフトウエアの分野では、内部をしっかり考えて、もれなくテストを実行することを**ホワイトボックステスト**と呼ぶようです。デジタル回路の分野では、アサーションベース検証、コードカバレッジという考え方と共にホワイトボックスという言葉が重要になってきています。少し難しいですが調べてみてください。

## オペアンプ登場

　下図の記号が、**オペアンプ**です。特徴は入力がプラスとマイナスの合計2つ。出力が1つ。2つの入力の差をA倍に増幅して出力します。この三角形が、いわゆるブラックボックスで、中身は先ほどのトランジスタがたくさんある回路になっています。

オペアンプの記号と中身

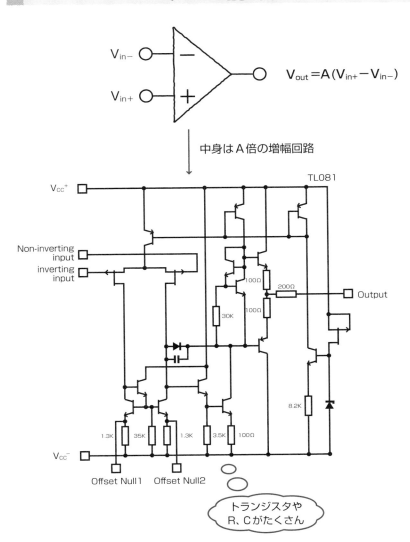

$$V_{out} = A(V_{in+} - V_{in-})$$

中身はA倍の増幅回路

トランジスタや
R、Cがたくさん

**4 章　オペアンプを使った演算回路**

## 「バーチャルショート」&「電流は入ってこない」という必殺技

オペアンプは、非常に大きな増幅率を持っています。先ほどのＡがとても大きい場合は、どうなるでしょうか。なんと、２つの入力が同じになってしまいます。これは、直接ショートしたのではなく、あくまでも「仮想的」ということで**バーチャルショート**と呼ばれています〈必殺技１〉。

また、理想的には、オペアンプの中に電流は入ってきません（入力インピーダンスが高い）〈必殺技２〉。この２つの必殺技を使うと、このあと紹介するように、オペアンプを使った演算回路が簡単に計算できます。

---

### オペアンプを利用するときの２つの必殺技

＜必殺技１＞

$$V_{out} = A(V_{in+} - V_{in-})$$

$$V_{in+} - V_{in-} = \frac{V_{out}}{A}$$

$$A \to \infty \text{でとっても大きかったら} \frac{V_{out}}{A} = 0$$

$$V_{in+} - V_{in-} = 0$$

バーチャルショート $V_{in+} = V_{in-}$

＜必殺技２＞

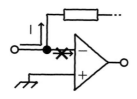

電流は入らない＝入力インピーダンス大

# オペアンプの使い方
## …秘技フィードバック

🔑 **Point**

　オペアンプには、2つの入力端子があります。その使い方を見てみ
ましょう。

### 出力の信号を入力に少しお裾分け

　オペアンプは、そのままでは、とても大きな増幅率を持つアンプです。小さな信号
を増幅するのには向いていますが、少し大きな信号を入力すると、とんでもなく大き
な信号が出力されてしまいます。例えば、3[V]の電池を使っていた場合、それ以上
の信号はカットされてしまいます。そこで妙案が考え出されました。**フィードバック**
という考え方です。

フィードバックとPDCAサイクル

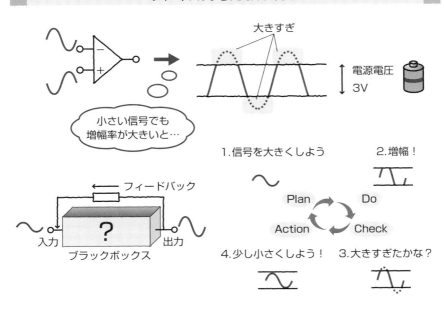

　日本語では**帰還**と呼びます。出力の一部を入力に戻すと、よいことがたくさん起こります。人間も同様ですが、実行した結果を振り返って修正していくのと同じように、回路もそんなPDCAサイクルが必要なのです。

## マイナス端子に返す　負帰還：ネガティブフィードバック

　オペアンプの入力端子は2つでした。そのマイナス（−）端子に返す方法を**ネガティブフィードバック（負帰還）**と呼びます。一見、だんだん信号が小さくなって、なくなってしまうのではないかと思われるかもしれません。

　しかし、外付けの抵抗を上手に付けることによって、例えば、「10倍の増幅をさせたい！」という要望に応えることのできる増幅器を作れるようになります。次に、その増幅の「程度」の決め方を解説します。

**負帰還の効用**

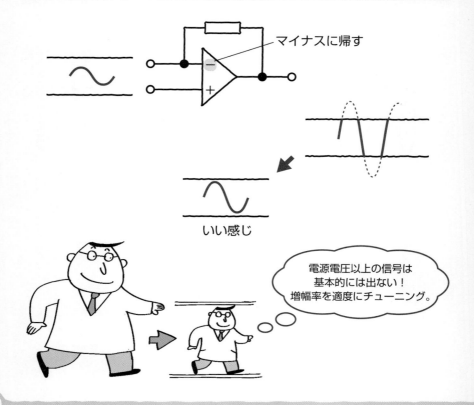

マイナスに帰す

いい感じ

電源電圧以上の信号は
基本的には出ない！
増幅率を適度にチューニング。

## 反転増幅回路と非反転増幅回路

　下図のように、オペアンプに外付けの抵抗を2本付けた回路を、**反転増幅回路**と呼びます。

　負帰還を実現するためには、出力信号を入力の−端子に返す（抵抗2本をつなぐところはマイナス入力側）ということをしっかり覚えてください。

　ここで、**バーチャルショート**と**高入力インピーダンス**と呼ばれるオペアンプの必殺技を利用すると、下図中の式のようになり、結果的に$R_1$と$R_2$の値で任意に増幅率が設定できます。

　例えば、10倍の増幅器にしたい場合は、$R_1$=1[kΩ]、$R_2$=10[kΩ]などとすればよいことがわかります。この回路は、マイナス端子から入力をしていることから、反転増幅回路と呼ばれ、入出力の波形は反転します。

### 反転増幅回路の計算

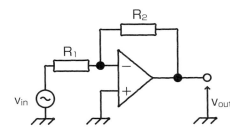

①オペアンプに電流は流れ込まない

②バーチャルショート　$V_{in-}=V_{in+}$

$$\underbrace{\frac{v_{in}-0}{R_1}}_{I_1} = \underbrace{\frac{0-v_{out}}{R_2}}_{I_2} \quad \Rightarrow \quad \frac{v_{out}}{v_{in}} = -\frac{R_2}{R_1}$$

　今度は、回路の形は同じで、入力をプラス端子のほうから入れた場合を考えます。このような回路を**非反転増幅回路**と呼びます。入出力は反転しませんが、1倍以下の増幅率が実現できないという特徴があります。

**非反転増幅回路の計算**

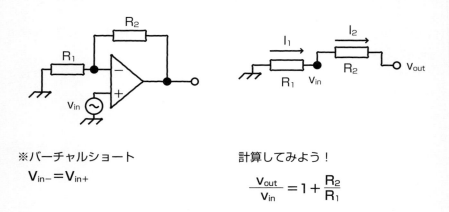

※バーチャルショート

$$V_{in-} = V_{in+}$$

計算してみよう！

$$\frac{V_{out}}{V_{in}} = 1 + \frac{R_2}{R_1}$$

## プラス端子に返す　正帰還：ポジティブフィードバック

　オペアンプの出力信号をプラス入力端子に返す方法を**正帰還**と呼びます。マイクがスピーカーからの音を拾ってループするハウリングという現象がこれにあたります。

　この現象が起こると、回路が思いもよらない動き方をします。「では、正帰還は必要ないのでは？」と思われるかもしれませんが、小さなノイズをじゃんじゃん増幅して信号を作るという考え方もできるので、発振器関連の技術として重宝されているということを覚えておいてください。いずれにせよ、負帰還をしっかりマスターしてから、他の専門書で正帰還に関して学んでください。

　正帰還と負帰還の見分け方ですが、出力から戻ってきた端子がプラスなら正帰還、マイナスなら負帰還となります。教科書によっては、オペアンプ回路の描き方が違うことがあり、124ページの一番下の図が来たら「正帰還」だと思っている学生も多いようです。惑わされないようにしましょう。

## 正帰還のデメリットと必要性

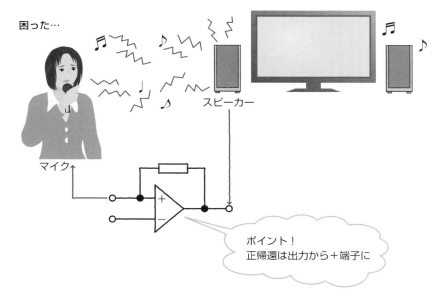

困った…

マイク↑

スピーカー

ポイント！
正帰還は出力から＋端子に

信号を作る

小さい信号・ノイズなど→増幅→正帰還

∿ 信号

正帰還を利用した発振器
の例（RC発振器）

## 正・負帰還の見分け方

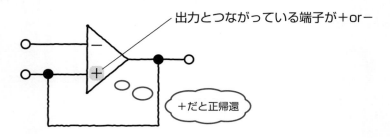

出力とつながっている端子が＋or－

＋だと正帰還

## 下図は正帰還？　それとも負帰還？

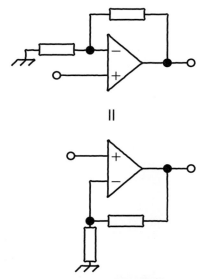

‖

両方とも負帰還の非反転増幅回路！

# オペアンプを使った加減算回路と微積分回路

**Point**

信号の足し算、引き算、微分、積分は、オペアンプを使って実現できます。演算増幅器の「演算」を意識しながら、回路図を覚えましょう。

### 演算増幅器という名前の由来

そもそも**オペアンプ**とは、英語でOperational Amplifierの略で、演算＋増幅器となります。反転増幅回路や非反転増幅回路のような「増幅」の用途が一番重要なのです。

しかし、そもそも**演算**とは、足し算、引き算、微分、積分などのことで、それらを実現できるということが、オペアンプの実用性の高さを示しています。細かい計算はさておき、回路を見たら演算の名前がいえるようになりましょう。

---

**Column**

### オペアンプといえば
### 反転増幅回路と非反転増幅回路？

オペアンプの用途といえば**反転増幅回路**と**非反転増幅回路**がスター選手です。電子回路を学び終えた学生たちに聞いてみると、加算、減算、微分、積分などができることをすっかり忘れている学生が多いように感じます。

繰り返しになりますが、オペアンプは演算増幅器という名前のとおり、演算ができるのです。反転・非反転増幅回路の計算はすごく簡単でわかりやすく、インパクトが大きいと思いますが、その他の演算もマスターすることによって入門者との差を付けましょう！

## 電圧の足し算・引き算をする回路

次図のように、入力 $V_1$ と $V_2$ の信号を足し算・引き算して、出力 $V_{out}$ に出すことができます。

オペアンプを使った足し算・引き算回路

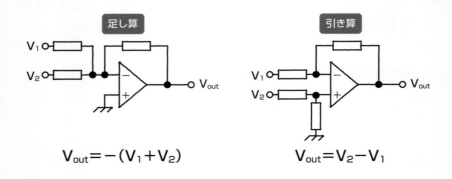

足し算

$$V_{out} = -(V_1 + V_2)$$

引き算

$$V_{out} = V_2 - V_1$$

## 微分・積分をする回路

次図のように、入力 $V_{in}$ を微分・積分して、出力 $V_{out}$ に出すことができます。

オペアンプを使った微分・積分回路

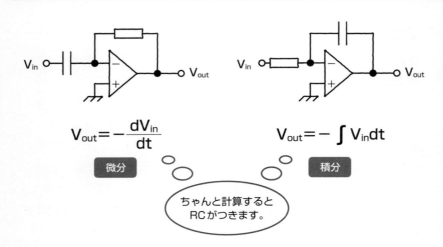

$$V_{out} = -\frac{dV_{in}}{dt}$$

微分

$$V_{out} = -\int V_{in} dt$$

積分

ちゃんと計算すると
RCがつきます。

# 4-5 オペアンプを使った周波数フィルタ
### …時間軸と周波数軸（Part Ⅱ）

> **Point**
>
> 　横軸を時間と周波数で考えることはとても重要です。オペアンプを使って周波数フィルタを実現しましょう。

## 積分回路とローパスフィルタ

　下図に受動素子（抵抗とコンデンサ）を使った積分回路を示します。その右隣にオペアンプを使った同様の積分回路を示します。時間軸で考えると、出力であるコンデンサの両端の電圧はすぐには変わらないので、じわ～っと変化するような波形になります。つまり**積分**です。

　一方、回路の出力であるコンデンサは、周波数が高くなると小さな抵抗に、周波数が低くなると大きな抵抗になるので、低い周波数に反応し、高い周波数には反応しないローパスフィルタになります。このように、下図の回路は、横軸時間で見た場合は**積分回路**、横軸周波数で見た場合は**ローパスフィルタ**となります。

### オペアンプを使った積分回路とローパスフィルタ

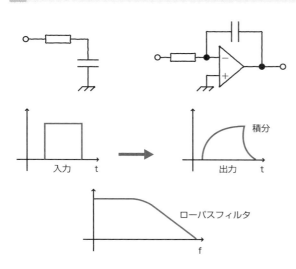

> **ポイント！**
> 2-5 入力インピーダンスを思い出してRとCの電圧のバランスを考えてみましょう。

## 微分回路とハイパスフィルタ

　下図に受動素子 (抵抗とコンデンサ) を使った微分回路を示します。その右隣にオペアンプを使った同様の微分回路を示します。時間軸で考えると、出力である抵抗の両端の電圧は、入力の変化に反応した波形となります。つまり**微分**です。

　一方、積分回路と同じく、コンデンサは周波数が高くなると小さな抵抗に、周波数が低くなると大きな抵抗になるので、出力である抵抗の電圧は高い周波数に反応し、低い周波数に無反応となるハイパスフィルタになります。このように、下図の回路は、横軸時間で見た場合は**微分回路**、横軸周波数で見た場合は**ハイパスフィルタ**となります。

**オペアンプを使った微分回路とハイパスフィルタ**

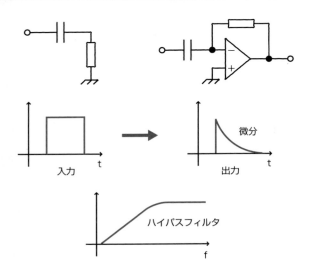

---

補足

　RC 回路では、通過させた信号を増幅させることができません。オペアンプを使うと、通過させながら増幅させることができるというメリットがあります。

# 4-6 オペアンプの中身
## …学んだ知識を総動員

> 🔑 **Point**
>
> オペアンプで「演算」や「周波数フィルタ」を実現できることは理解できたと思います。しかし、ブラックボックスのままでは少し不安なので、中身をもう一度、覗いてみましょう。

### 実際のオペアンプの中身を調べてみよう

　トランジスタがたくさんある回路をブラックボックス化して、オペアンプで演算を考えれば十分！　ということを話してきました（4-2節参照）。しかし実は、いままでの知識を活用するとオペアンプの中身がなんとなくわかるレベルになっています。

　次ページの図の①の部分が**差動増幅回路**、②の部分が**カレントミラー回路**です。このように、回路の計算より「回路を読む力」のほうが重要です。電子回路を始めたばかりの人は、ぜひ、回路を楽しむことを念頭に置いてください。ちなみに③や④の部分も有名な回路です。どういう働きをするのでしょうか？　自分で調べてみましょう！

回路の計算より、
回路を読む力のほうが
重要です。

## オペアンプ内部の簡単解説

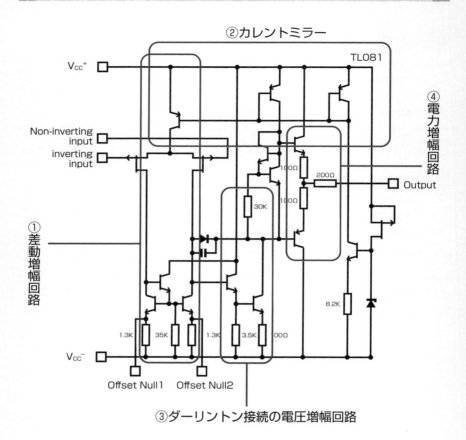

②カレントミラー

TL081

$V_{cc}^+$

Non-inverting input

inverting input

④電力増幅回路

Output

①差動増幅回路

30K

100Ω

200Ω

100Ω

8.2K

1.3K  35K  1.3K  3.5K  100Ω

$V_{cc}^-$

Offset Null1    Offset Null2

③ダーリントン接続の電圧増幅回路

---

#### 補足

　ダーリントン接続のメリットは電流増幅率を大きくできることです。しかし、これにはデメリットもあるので、考えてみましょう。また、電力増幅回路を読み解くポイントはプッシュプルという言葉を調べることです。

## 第3章の電子回路を好きになるための「5つの質問」の答え

　第4章まで読み終わって、次の質問の答えがピンとこない場合は、もう一度、第1章からじっくり読み返してみてください。図をあえて省いていますが、頭の中でイメージしながら考えてみてください。

**質問1：真性半導体と不純物半導体の違いを説明してください。**

**答**：純粋なSiなどの半導体を真性半導体と呼び、別の物質をそれに混ぜてn形、p形としたものを不純物半導体と呼ぶ。

**質問2：pn接合、順方向電圧、逆方向電圧という言葉を説明してください。**

**答**：質問1の答えのn形、p形の半導体をつなげたものをpn接合と呼ぶ。p形のほうにプラスの電圧をかけると電流が流れ、マイナスをかけると流れない。それぞれを順方向電圧、逆方向電圧と呼ぶ。

**質問3：バイポーラトランジスタとMOSトランジスタの構造を説明してください。**

**答**：バイポーラトランジスタはn形、p形半導体をnpnのようにつなげたもの。MOSは金属、絶縁体、半導体の順番にサンドイッチ構造としたもの。

**質問4：エミッタ接地回路を例に増幅作用を説明してください。**

**答**：小さな電流$I_B$は大きな電流$I_C$となって負荷抵抗に流れるので、その変化分である信号も入力に対して大きくなる。

**質問5：演算増幅器を用いた反転増幅回路を説明してください。**

**答**：抵抗を使って負帰還を施した演算増幅器（オペアンプ）のマイナス側から信号を入れて増幅する回路。2つの抵抗の値によって、自由に増幅率を決めることができる。

## 第4章でホントは触れたかったこと

　第4章では、オペアンプを使った回路を紹介しました。他の本を見た場合に疑問に思われるかもしれないことが1つ残っています。

**質問：オペアンプを変な記号で表している本があるけど？**

**回答：** ナレータとノレータと呼ばれるものです。本章で学んだ必殺技2つを使う方法以外に、次の図のようにして、オペアンプやトランジスタを表すことができます。もちろん、反転増幅回路などの計算結果は、本書で説明したものと同じになります。まずは、変な記号が出てきてもびっくりしないようにしましょう。

ナレータ ➡ 電圧も電流も0であることを意味する

ノレータ ➡ 電圧も電流も周りの回路によって決まることを意味する

理想オペアンプのナレータ・ノレータモデル

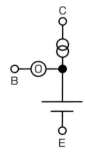

理想npnトランジスタのナレータ・ノレータモデル

第 **5** 章

# デジタル回路の基礎
## 組み合わせ回路と順序回路

　本章ではデジタル回路に入ります。いままでは「増幅」がキーワードでしたが、これからは「スイッチング」がキーワードです。コンピュータは、人間と違って曖昧さを感じることが苦手です。逆に、白か黒か？　0か1か？　の判断は得意です。

　現在のエレクトロニクスの急速な発展には、アナログからデジタルへの変換とその処理が大きく関係しています。コンピュータの中での信号処理を覗いてみましょう。

# 5-1 アナログからデジタルへ
### …AD変換とDA変換

**Point**

アナログ信号とデジタル信号の違いを理解して、そのインターフェースであるAD＊変換とDA＊変換について考えてみましょう。

## アナログ信号とデジタル信号

**アナログ**とは、相似という意味で、自然界の信号をそのまま相似形の電気信号として表した**連続量**を指します。一方、**デジタル**とは、「指」を意味するラテン語に由来し、親指、人差し指、中指などの飛び飛びの量つまり**離散量**です。

自然界の音や光などは、すべてアナログ量、つまり連続量です。一方、最近の電気製品の中身はデジタル化されており、離散量であふれています。

アナログとデジタル——連続と離散

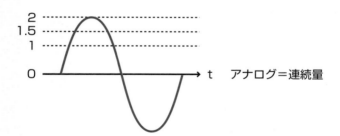

アナログ＝連続量

デジタル＝飛び飛びの値＝離散量

0　　　　1　　　　2

↑
1.5は表せない

---

＊ **AD** Analog to Digital の略。
＊ **DA** Digital to Analog の略。

　前ページの図のとおり、1.5という値はアナログでは容易に示せますが、デジタル
で示すことが難しいことは、容易に理解できると思います。

## 標本化と量子化

　アナログ信号をデジタル化する際に、重要となるキーワードが2つあります。「標
本化」と「量子化」です。**標本化**とはデジタルにするタイミングつまり「横軸」を切り
刻むこと、**量子化**とは信号の大きさつまり「縦軸」を切り刻むことです。
　量子化と標本化においてより細かく刻めば、よりアナログ信号に近い信号をデジタ
ル信号で表現できます。

**標本化と量子化**

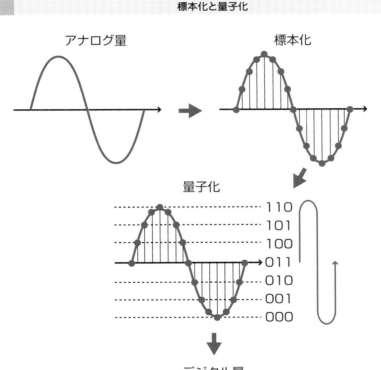

アナログ量　　　　　　　標本化

量子化

110
101
100
011
010
001
000

デジタル量
0111001011101011000110100010000010100011

## AD変換とDA変換

アナログ（Analog）からデジタル（Digital）に変換することを**AD変換**と呼びます。例えば、オペアンプを用いた回路で実現することができます。最も簡単な例としては、ある一定の電圧を超えると0を出力し、下回ると1になるというものです。

アナログからデジタルへ

### Analog ➡ Digital

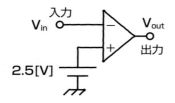

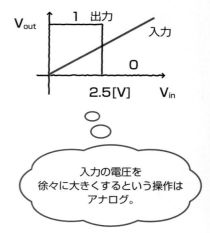

入力の電圧を
徐々に大きくするという操作は
アナログ。

逆にデジタルからアナログに変換することもできます。次ページの図のように$D_1$、$D_2$という2ビットのスイッチをONもしくはOFFにすると、それに合わせた大きさの出力電圧を得ることができます。これを**DA変換**と呼びます。

例えば$D_1$と$D_2$が共にONの場合、$V_{out}$は大きな値となります。その他、$D_1$がONで$D_2$がOFF、$D_1$がOFFで$D_2$がON、$D_1$と$D_2$が共にOFF、というスイッチの状態によって、出力の大きさを決めることができます。

**AD変換**は、自然界の信号とコンピュータとをつなぐインターフェースとして、とても重要な役割を果たしています。AD変換回路の中身にも、実はオペアンプなどのアナログ回路が使われていることを心に留めておいてください。

**デジタルからアナログへ**

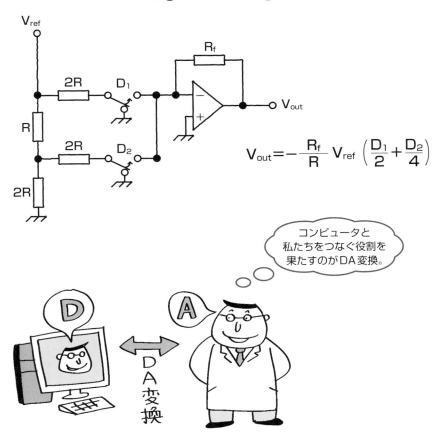

$$V_{out} = -\frac{R_f}{R} V_{ref} \left( \frac{D_1}{2} + \frac{D_2}{4} \right)$$

コンピュータと
私たちをつなぐ役割を
果たすのがDA変換。

**DA変換**は、コンピュータと私たちをつなぐ役割を果たしています。例えば、0と1でデジタル化された音楽データ（MP3ファイルなど）をスピーカーに送って音を鳴らします。耳に届く頃には、立派なアナログ信号になっていることに気付くと思います。

このようなAD変換やDA変換には、専用のICを利用するのが一般的です。

**Column**

## 「アナログからデジタル」への変換限界
## サンプリング定理

　アナログ信号をデジタル信号に変換する場合、標本化と量子化が重要であることは本文で述べました。それでは、最低どのくらいの間隔で標本化すればいいのでしょうか？　ズバリいうと、信号の山と谷をとりこぼさないようにとるというのが答えです。つまり、信号の半分以下の間隔で標本化 (サンプリング) すればよいということです (これを**サンプリング定理**と呼びます)。しかし、これでは再生したときに元の波形とは違ったギザギザの波形となってしまいます。したがって、できるだけ細かく刻んでサンプリングすることをおすすめします。また、量子化はどのくらい細かくするの？　という疑問が出ると思いますが、これもできるだけ細かく量子化してくださいというのが正解です。しかし、標本化と量子化を細かくすればするほど、その内容を記憶しておく領域が必要となります。何事も「適度なトレードオフ」を考えることが重要なようです。

アナログとデジタルを
両方学べば天下無敵！

# 5-2 10進数と2進数と16進数
## …コンピュータで扱いやすい表現方法

> 🔑 **Point**
>
> 人間が扱いやすい10進数と、コンピュータが扱いやすい2進数、16進数について学びましょう。

### 人間の指と10進数

　人間の指は、何本でしょうか。右手5本、左手5本、合わせて10本です。**10進数**とは、9まで数えて、次は桁上げという数え方です。人間の指は10本なので、ちょうどこの数え方が自然に思えます。

　人間の手が1本だけだったら、もしかすると5進数になったかもしれません。下図に、10進数と5進数の桁上げについて示します。その差をしっかり見ながら、桁上げの仕組みをマスターしてください。

**10進数と5進数**

人間の指と10進数の桁上げ

桁上げ

| 10進数 | 1 | 2 | 3 | 4 | 5 | 6 | 7 | 8 | 9 | 10 |
|---|---|---|---|---|---|---|---|---|---|---|
| 5進数 | 1 | 2 | 3 | 4 | 10 | 11 | 12 | 13 | 14 | 20 |

桁上げ　　　　　　　　　　　　　　　　　　　桁上げ

## コンピュータと2進数

コンピュータの中では、どうやって計算をしていくのでしょうか。コンピュータの中は、無数のスイッチで表現でき、それぞれのスイッチにはON(1)の状態かOFF(0)の状態かのどちらかしかありません。つまり、人間の指でいうと1本しか使えないのです。0、1、2と数えたその瞬間に桁上げが生じます。これを10進数と比較した表を下に示します。ちなみに、この**2進数**の1桁のことを**ビット**と呼びます。

**10進数と2進数**

2進数のイメージ

| 10進数 | 1 | 2 | 3 | 4 | 5 | 6 | 7 | 8 | 9 | 10 |
|---|---|---|---|---|---|---|---|---|---|---|
| 2進数 | 1 | 10 | 11 | 100 | 101 | 110 | 111 | 1000 | 1001 | 1010 |

桁上げ　桁上げ　桁上げ　桁上げ　桁上げ

## コンピュータと16進数

　人間は10進数、コンピュータは2進数が便利ということは、前項までで理解できましたか？　しかし、人間がコンピュータを扱う場合に、0と1の羅列を見ても読みづらく、チンプンカンプンです。

　そこで、2進数を4ビットずつ区切って表すと、少し見やすくなります。これを**16進数**と呼びます。4ビットでは、0から15までの10進数が表現できますが、10という数字は、桁上げを意味するので、16進数ではA＝10、B＝11、C＝12、D＝13、E＝14、F＝15とアルファベットを割り当てて表します。このルールを利用して15以上の数も考えてみましょう（下図）。

　コンピュータの中では、4ビットや8ビット、16ビットで命令を表すことが多いので、16進数は、デジタル電子回路やコンピュータを扱う技術者にとって、便利なツールとなります。（　）$_{16}$、（　）$_{10}$、（　）$_2$は、それぞれ16、10、2進数という意味です。

**16進数の表し方**

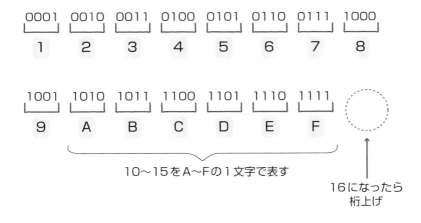

| 0001 | 0010 | 0011 | 0100 | 0101 | 0110 | 0111 | 1000 |
| 1 | 2 | 3 | 4 | 5 | 6 | 7 | 8 |

| 1001 | 1010 | 1011 | 1100 | 1101 | 1110 | 1111 | |
| 9 | A | B | C | D | E | F | |

10〜15をA〜Fの1文字で表す

16になったら
桁上げ

確かめよう！

$(1A)_{16} = (26)_{10} = (00011010)_2$

# 5-3 組み合わせ回路
## …NOT、AND、OR、NAND、NOR、XOR 回路

### Point

2進数を使ったデジタル回路の計算をしてみましょう。入力を入れてすぐ出力が得られる回路を**組み合わせ回路**と呼びます。ここでは「真理値表」の扱い方をマスターしましょう。

### AND、OR、NOTの図記号と真理値表

**真理値表**というのは、デジタル回路の入力と出力の関係を表した表です。下の左図は、一番簡単な**NOT回路**と呼ばれるものです。入力に1が入れば0を出力し、0が入れば1を出力する、という反転機能を持っています。

同様に中央の図を見てみると、2つの入力が共に1の場合に出力が1となっています。この回路を**AND回路**と呼びます。

最後に右の図を見てみると、2つの入力のうち1つ以上が1の場合に、出力が1となっています。この回路を**OR回路**と呼びます。

#### NOT、AND、ORの記号と真理値表

NOT

| X | Z |
| --- | --- |
| 0 | 1 |
| 1 | 0 |

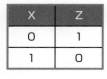

AND

| X | Y | Z |
| --- | --- | --- |
| 0 | 0 | 0 |
| 0 | 1 | 0 |
| 1 | 0 | 0 |
| 1 | 1 | 1 |

OR

| X | Y | Z |
| --- | --- | --- |
| 0 | 0 | 0 |
| 0 | 1 | 1 |
| 1 | 0 | 1 |
| 1 | 1 | 1 |

## NAND、NOR、XORの図記号と真理値表

AND、OR、NOTと同じように、次に示す3つの回路も重要です。下の左図は、AND回路の出力に○が付いた**NAND回路**です。この○印はNOTを意味し、NAND回路はAND回路の出力の1と0が逆になった真理値表になります。

**NOR回路**も同様にOR回路の逆です。特殊なのが**XOR回路**です。日本語では、**排他的論理和（エクスクルーシブオア）**と呼びます。入力のXとYが異なる場合のみ1を出力します。シンボル図と真理値表をしっかり覚えましょう。

### NAND、NOR、XORの記号と真理値表

NAND

X — Y — ⟩○— Z

| X | Y | Z |
|---|---|---|
| 0 | 0 | 1 |
| 0 | 1 | 1 |
| 1 | 0 | 1 |
| 1 | 1 | 0 |

NOR

X — Y — ⟩○— Z

| X | Y | Z |
|---|---|---|
| 0 | 0 | 1 |
| 0 | 1 | 0 |
| 1 | 0 | 0 |
| 1 | 1 | 0 |

XOR

X — Y — ⟩— Z

| X | Y | Z |
|---|---|---|
| 0 | 0 | 0 |
| 0 | 1 | 1 |
| 1 | 0 | 1 |
| 1 | 1 | 0 |

○はNOTを意味する。
XORは（不）一致検出回路！

 **用語解説** **排他的論理和**：排他的論理和とはその名のとおり、排他的な論理和（OR）のことです。ふつうのOR回路は両方1でも1を出力しますが、XORでは排他的というだけあって両方1だと0を出力します。文章で書くと難しいですが、ベン図というものを用いると簡単に説明できます。余裕が出てきたら論理回路関連の本を読んでみましょう。

# 5-4 半加算器と全加算器
## …2進数の足し算に挑戦

**Point**

　コンピュータが得意とする2進数の足し算の方法を学びます。前節の論理記号を使った回路も考えてみましょう。

## 2進数の足し算

　10進数の足し算は小学校低学年で学びますが、2進数になると、いつ習ったのか、そもそも習ったのか、わからなくなりませんか？　ここでは10進数と2進数の足し算の例を示します。

　10進数は「1桁で10まで表現できない」ということが前提ですので、1、2、3…9と数えていって、次は「桁上げ」が起こり10となるものです。ということは、2進数の場合は「1桁で2まで表現できない」と考えるとよさそうです。

　つまり、1、2といきたいところですが、2が表現できないので「桁上げ」が起こって10となります。このルールを守りながら2進数の計算をすると次のようになります。

▼10進数の足し算と2進数の足し算（例）

> 10進数の場合：6+5=11　2進数の場合：0110+0101=1011

　筆算は次図のようになります。

### 10進数の筆算と2進数の筆算

```
      6            0  1  1  0
 +    5       +    0  1  0  1
 1    1        1   0  1  1
```
桁上げ　　　　　　桁上げ

## 半加算器と全加算器

　前項で計算した2進数の足し算を、回路で表すとどうなるでしょうか。ここで登場するのが、**半加算器**（HA：Half Adder）です。これは、前節で学んだANDやORなどの論理回路からできています。

　次図に半加算器のシンボル図と内部回路と真理値表を示します。つまり、半加算器とは、1桁の足し算をした答えを出す回路のことです。

### 1桁の足し算（半加算器）

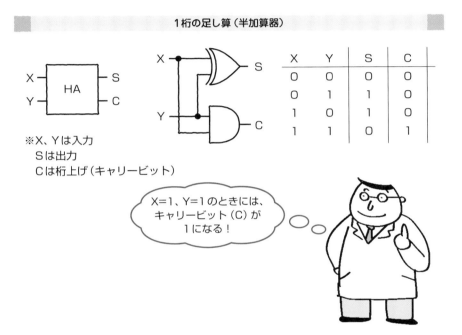

| X | Y | S | C |
|---|---|---|---|
| 0 | 0 | 0 | 0 |
| 0 | 1 | 1 | 0 |
| 1 | 0 | 1 | 0 |
| 1 | 1 | 0 | 1 |

※X、Yは入力
　Sは出力
　Cは桁上げ（キャリービット）

X=1、Y=1のときには、キャリービット（C）が1になる！

　しかし、このままでは1桁の足し算だけで2桁以上が計算できません。ということで、桁上げも考慮することができる**全加算器**（FA：Full Adder）という回路の登場です。

　全加算器のシンボル図と内部回路と真理値表を次ページの上図に示します。全加算器は、半加算器2つとOR回路からできています。前段の桁上げを受けるための入力が、新たに加わっているのが特徴です。これにより、桁上げを考慮した計算が可能になります。

　トレーニングとして、前項の4ビットの足し算を確認してみてください（下図）。

## 複数桁の足し算のための準備（全加算器）

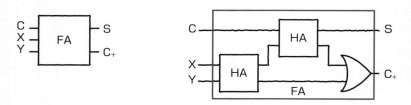

| X | Y | C | S | C+ |
|---|---|---|---|---|
| 0 | 0 | 0 | 0 | 0 |
| 0 | 0 | 1 | 1 | 0 |
| 0 | 1 | 0 | 1 | 0 |
| 0 | 1 | 1 | 0 | 1 |
| 1 | 0 | 0 | 1 | 0 |
| 1 | 0 | 1 | 0 | 1 |
| 1 | 1 | 0 | 0 | 1 |
| 1 | 1 | 1 | 1 | 1 |

## 4ビットの足し算

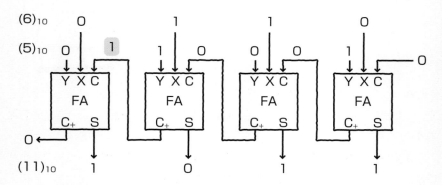

※( )₁₀は( )の中が10進数という意味

# 5-5 順序回路
## …記憶力抜群のフリップフロップ回路

>  **Point**
>
> 組み合わせ回路は、入力した信号が計算されて即座に出力されるものでした。**順序回路**とは、出力の状態を記憶して、それを別の回路で活かす回路のことです。ここでは、**フリップフロップ** (FF：Flip-Flop) という記憶回路に触れてみましょう。

### DFF と TFF

**DFF**（**D フリップフロップ**）のDはDataやDelayの略であり、クロック (CK) というパルス信号の立ち上がりに合わせて入力 (D) を取り込む回路です。また、似た回路としてDラッチというものがあります。これはゲート (G) が1のときに入力 (D) を取り込み、0のときにはその前の状態を保持するという回路です。DFFとDラッチは混乱する人が多いので、しっかり違いを覚えましょう。

Dフリップフロップと Dラッチ

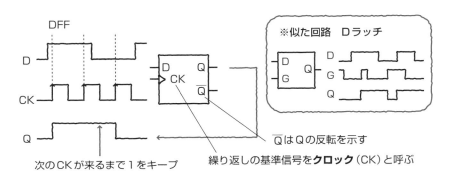

次のCKが来るまで1をキープ

Qは Qの反転を示す

繰り返しの基準信号を**クロック** (CK) と呼ぶ

**TFF**（**T フリップフロップ**）のTはToggleの略であり、パルス信号が入力されるたびに出力が0、1、0、1と反転していく回路です。次の例では、入力の立ち下がりに合わせて出力されています（**ネガティブエッジトリガ**と呼ぶ）。

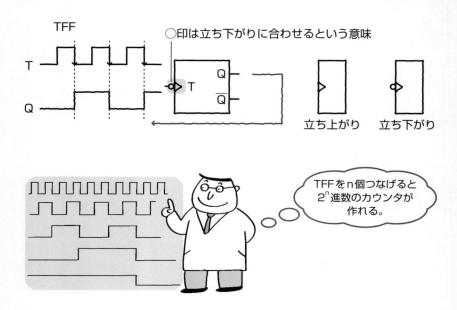

Tフリップフロップ

TFF

○印は立ち下がりに合わせるという意味

立ち上がり　立ち下がり

TFFをn個つなげると$2^n$進数のカウンタが作れる。

## RSFFとJKFF

　**RSFF**（**RSフリップフロップ**）は、次ページの図のような回路です。S端子に1が入力されると出力も1に、R端子に1が入力されると出力も0になり、R、S共に0のときは前の状態を保持します。

　RSFFでは、RとSを共に1とすることは禁止となっています。しかし、入力を両方とも1にした場合、TFFと同じように出力が反転するような特徴を持った**JKFF**（**JKフリップフロップ**）もあります（S=J、R=Kと読み替える）。

　RSFFは、**チャタリング**\*の防止回路などで用いられ、JKFFは、DFFやTFFに変身できるので万能FFとして使われています。

---

\***チャタリング**　ボタンを押したときなど、うまく接点から離れきれず、0と1をバタつく現象のこと。

## RSフリップフロップとチャタリング防止

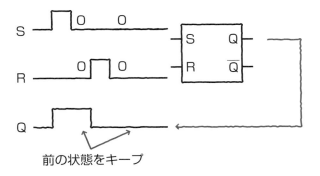

前の状態をキープ

チャタリング防止（スイッチのON、OFF時の誤動作防止）

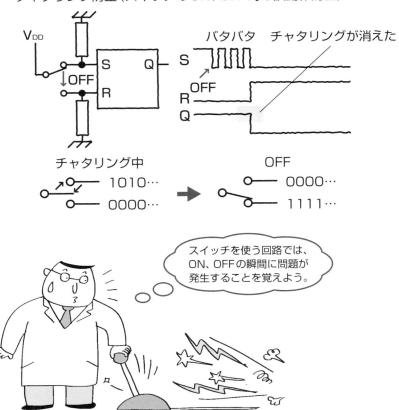

バタバタ　チャタリングが消えた

チャタリング中　　　　　　　OFF

> スイッチを使う回路では、
> ON、OFFの瞬間に問題が
> 発生することを覚えよう。

JKフリップフロップ（万能フリップフロップ）

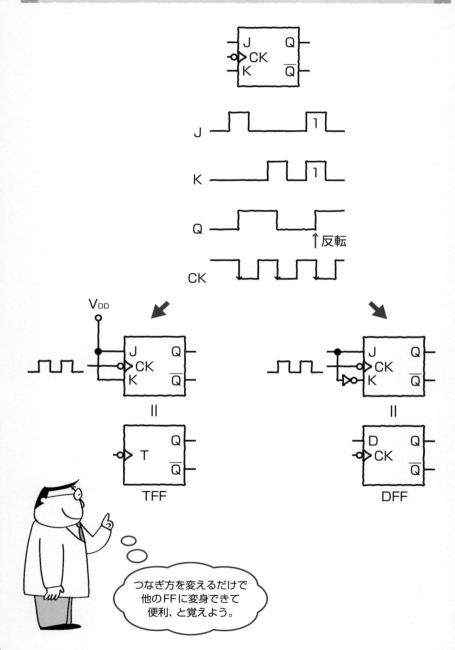

つなぎ方を変えるだけで
他のFFに変身できて
便利、と覚えよう。

　本章では、フリップフロップの種類を紹介するところまででやめますが、このあと、論理回路やデジタル電子回路の本では、FFの知識を活かしてレジスタやカウンタを設計するのが一般的です。第6章のシミュレーションで体験してみてください。

　そして、最終的には、**ステートマシン（状態遷移回路）**と呼ばれる、コンピュータの動作を制御するための回路を「組み合わせ回路」「順序回路」の知識を融合して設計します。まずは本書によって、「組み合わせ」＝「論理ゲート」と「順序・記憶」＝「フリップフロップ」ということは、理解できるようになってください。

**5**
**章**
デジタル回路の基礎

---

#### 補足

　「フリップフロップ」と「ラッチ」の呼び方は、書籍や Web サイトによってまちまちです。しかし、クロックに同期して動作するものをフリップフロップ、それ以外をラッチと呼ぶことが多い気がします。

　したがって、RS フリップフロップが RS ラッチと記載されていることも多いです。いずれにせよ、デジタル回路が組み込まれたデジタル IC（5-7 節参照）を使うときは、規格表というものをしっかり見て、機能を確認するようにしてください。

---

### Column

## 「デジタル回路（論理回路）で何を学んだか」と問われたら？

　本章ではデジタル回路についてサラッと書いています。しかし、実は入門としては十分だと筆者（石川）は思っています。

　デジタル回路（論理回路）を教えたあとで学生に「論理回路では何を勉強したの？」と聞くと、「2 進数と……AND 回路と……」ぐらいの答えが一番多いです。さらに数年経つと記憶がきれいに消えているかもしれません。

　専門分野を学ぶ上で一番重要なのは、「頭の中で目次を作ること」だと筆者は思います。枝葉末節にとらわれて何を学んだかわからなくなる前に、デジタル回路といえば、「組み合わせ回路」と「順序回路」だとはっきりいえるようになりましょう。

# 5-6 論理回路の中身はやっぱりトランジスタ

**Point**

　一般的に、論理ゲート（AND、ORなど）やフリップフロップ（DFF、JKFFなど）の動作を覚えて、使いこなすことができれば、論理回路の基礎はマスターです。しかし、せっかくトランジスタなどを使ったアナログ回路を学びましたので、ここでは、デジタル回路（論理回路）もトランジスタでできているということを見てみましょう。

## まずはNOT回路

　トランジスタスイッチに抵抗を付けると**NOT回路**として働きます。入力に1が入るとトランジスタがONとなりグランドとつながります。つまり、出力は0となります。

　次に、入力が0になるとどうなるでしょうか。トランジスタはOFFとなり、電源電圧とつながります。つまり、出力が1となります。

NOT回路の中身

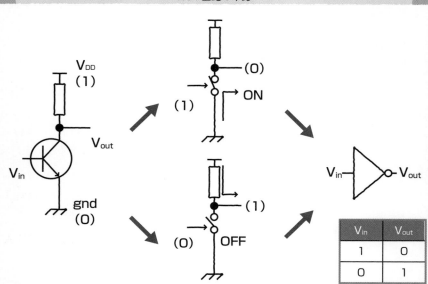

| $V_{in}$ | $V_{out}$ |
|---|---|
| 1 | 0 |
| 0 | 1 |

## NAND回路の中身

　NAND回路は、抵抗、ダイオード、トランジスタで作ることができます。このような回路を**DTL** * と呼びます。また、トランジスタと抵抗を利用したものを**TTL** * と呼びます。

NAND回路の中身

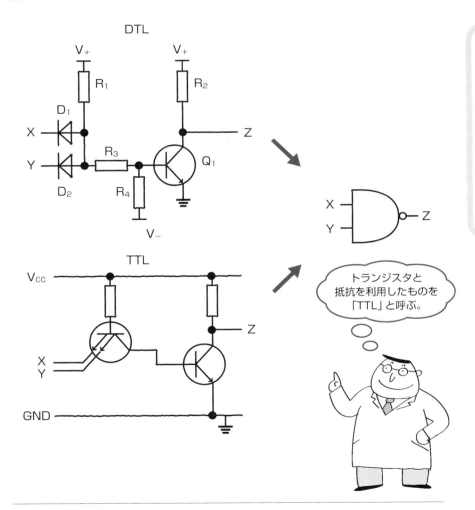

**5**章　デジタル回路の基礎

トランジスタと
抵抗を利用したものを
「TTL」と呼ぶ。

＊ **DTL**　Diode Transistor Logic の略。
＊ **TTL**　Transistor Transistor Logic の略。

## RSFFの中身

RSFFはNANDとNOTからできています。前項で学んだとおり、NANDもNOTもトランジスタ（と抵抗）で作れるため、RSFFもトランジスタで作れるということがわかると思います。

**RSフリップフロップの中身**

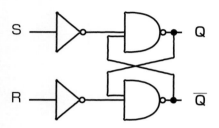
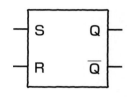

**Column**

### トランジスタレベルを意識するタイミング

　第4章でオペアンプをブラックボックスとして扱う方法を紹介し、第5章では論理ゲートの中身を知ることも重要だと説明しました。入門者にとっては、どっちが正解？　という感覚になると思います。

　筆者（石川）は、ブラックボックスから入って、徐々に細かい回路に触れたほうがよいと思っています。

　本当はしっかりトランジスタレベルを理解してほしいと思っていますが、昨今の電子回路離れの風潮を見ていると、「まずは電子回路を嫌いにならないでほしい」という気持ちでいっぱいです。

　本書の執筆中にも、「もしかすると情報が多すぎるのでは？」と思うことが何度かありました。学ぶ側の努力も必要ですが、私たち専門家が入門者の気持ちをしっかり汲み取ることが、電子回路好きを育てる一番の近道かもしれない、と本書の執筆を通じて感じました。

# 5-7 デジタルICの活用
## …TTLとCMOS

**Point**

いままで学んできたANDやORなどの基本論理回路を、実験で組み立てようとした場合、デジタルIC（汎用ロジック）を用いると便利です。その種類を覚えましょう。

### TTLとCMOS

デジタルICには、バイポーラトランジスタを使った**TTL**およびMOSトランジスタを使った**CMOS**\*の2種類があります。

**TTL**では、入力2.0[V]以上でHigh、0.8[V]以下でLowと判断します。出力については、Highの場合2.7[V]以上、Lowの場合0.4[V]以下が出力されます。

**CMOS**では、入力3.5[V]以上でHigh、1.5[V]以下でLowと判断します。出力については、Highの場合4.9[V]以上、Lowの場合0.1[V]以下が出力されます。

**デジタルICの入出力電圧**

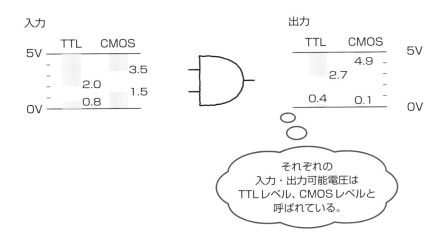

それぞれの
入力・出力可能電圧は
TTLレベル、CMOSレベルと
呼ばれている。

---

\* **CMOS** Complementary Metal Oxide Semiconductorの略。

　TTLとCMOSをつないだ場合、問題が生じる可能性があります。1段目のTTL ANDの出力が2.7[V]だったら、2段目のCMOS NOTの入力でHighと判断されない可能性があります（CMOS NOTは3.5[V]以上で1と判断するため）。

　このように、TTLとCMOSの汎用ロジックを組み合わせて使う際には、注意する必要があります。まずは混在させずに、TTLの汎用ロジックのみを使うところから挑戦してみることをおすすめします。

**TTLとCMOSをつなぐときの注意点**

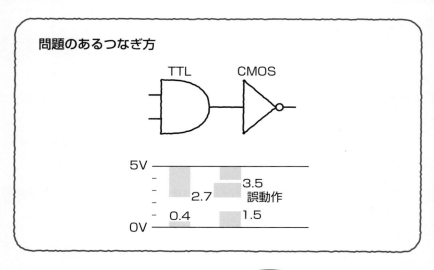

問題のあるつなぎ方

TTL　　CMOS

5V
3.5
2.7　　誤動作
0.4　　1.5
0V

TTLの出力2.7[V]が CMOSの入力判断基準3.5[V]に 達していない。

2.7[V]は間違い？ 他の値も合ってますか？

## 型番と機能

　**汎用ロジックIC**には、主に74シリーズと4000シリーズがあります。74シリーズには、バイポーラトランジスタで作られた74LSシリーズと、CMOSで作られた74HCシリーズがあります。主な回路の型番を示します。

4つのNANDが入った74LS00

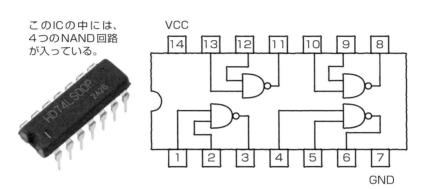

このICの中には、
4つのNAND回路
が入っている。

VCC

GND

```
＜バイポーラ系＞
74LS：00(NAND) 02(NOR) 08(AND) 32(OR) 04(NOT) 73(JKFF) 74(DFF)
＜CMOS系＞
4000：11(NAND) 01(NOR) 81(AND) 71(OR) 69(NOT) 27(JKFF)
13(DFF)
74HC：74LSと同じ
```

　このようなICを組み合わせながら論理回路を作ってみると、より一層、デジタル回路に親しみが持てるようになります。

　ICを使う上で、初心者が陥りがちなミスを最後に紹介します。「ICには電源が必要です。VCC、GNDと書かれているところに電源をつなぎましょう」。いままでの回路図でも電源は省略してきましたが、「実は電源を加えていなかった」というミスが、初心者では一番多いので気を付けてください。

**5**
**章**
デジタル回路の基礎

# 5-8

## 「高機能」を目指して
### マイコン、FPGAの未来

🔑 **Point**

　デジタル回路は、マイコンの登場と共に著しい進化を遂げてきました。本節が、これからデジタル回路を学ぶ方のための予備知識となり、さらには「高機能」を目指すためのヒントとなれば幸いです。

### マイコンという選択肢

　**マイクロコンピュータ**（略して**マイコン**）は、インテルで開発された4004という4ビットマイコンが始まりといわれています。その後、8008、8086、80386、Pentiumという具合に開発され、8ビット、16ビット、32ビット、64ビットマイコンが誕生してきました。つまり、今日、パソコンの頭脳として用いられている**CPU** *の歴史です。

　一方、様々なメーカーによるZ80、H8、SH、ARMといったマイコンが、各種の製品の中で利用されています。一般的にマイコンというと、**組み込み機器**と呼ばれる洗濯機や炊飯器のような身の回りの家電製品中の基板に乗っているプロセッサというイメージになります。

　最近では、PICやAVR、その派生のArduinoなどが、簡単に使えるお手軽マイコンとして、趣味で電子回路を楽しむ人にも親しまれています。

### FPGAと今後のデジタル回路：サーキットデザイン教育

　本章で学んだデジタル回路は、AND、ORなどの「組み合わせ回路」とRSフリップフロップなどの「順序回路」の基礎、つまりハードウエアでした。一方、プログラミングで操ることができるマイコンの活用は、ソフトウエアの応用といえます。

　**IoT** *という言葉を聞いたことがありますか？　日本語でいうと「モノのインターネット」という意味で、あらゆるモノがインターネットに自然に常時つながった状態になることです。スマートフォンを想像してもらうとわかりやすいですね。

---

＊ **CPU** 　Central Processing Unit の略。
＊ **IoT** 　　Internet of Things の略。

　実は、この仕組みは2007年（iPhone発売年）あたりから加速した流れです。今後は**5G**＊（第5世代移動通信システム）が一般化し、IoTや**CPS**＊が当たり前の世の中になります。

　そのときのパソコンは？　スマートフォンは？　いまと同じ形でしょうか？

　ソフトウエアが様々な機能をプログラミングによって自在に実現したように、実は、ハードウエアもプログラミングによって自在に機能を実現できる時代が来ると思います。

　その鍵となるデバイスが**FPGA**＊です。簡単にいうと、「組み合わせ回路と順序回路をプログラムで書き換えちゃおう！」というものです。つまり、今後、小学校で当たり前に習い始めるプログラミングで、ソフトウエアもハードウエアも設計できちゃうということです。

　ハードウエアの一層の高機能が求められている中で、筆者（石川）は予想します。「プログラミング教育」が当たり前になったように、近い将来、**サーキットデザイン教育（回路設計教育）**が当たり前になると思います。

　私たちが生活している自然界の信号は、0と1ではなく、アナログでとっても微弱だったりします。それを増幅したりフィルタリングしたりする技術はアナログ、さらにマイコンやFPGAで処理するのはデジタル──つまり、両方合わせてアナログ・デジタル混載ハードウエアです。

　本書で学んだ**サーキットデザイン**を通じて、高機能な新デバイス開発の世界を目指してみませんか？

---

＊ **5G**　　5th Generation Communication Systemの略。
＊ **CPS**　　Cyber Physical Systemの略。
＊ **FPGA**　Field Programmable Gate Arrayの略。

5章　デジタル回路の基礎

## 第5章でホントは触れたかったこと

　FPGAはXilinx（2022年にAMDが買収完了）とAltera（2015年に買収されてIntelのFPGA部門となる）という2つの企業で激しい開発競争が行われています。

　FPGAはどのように設計するのでしょうか？　ズバリ！　VHDLやVerilog HDLという言語で記述します。

**質問：VHDLで「組み合わせ回路」と「順序回路」はどう書くの？**

**回答：**RSフリップフロップをVHDLで記述したものを2つ示します。これらは、論理ゲートをそのまま忠実に記述したもの（次ページ）と、動作をプログラム的に記述したもの（162ページ）です。このように、HDL（ハードウエア記述言語）を用いると、論理ゲートを意識することなく回路を実現すること「も」できてしまいます。設計ツールには、論理合成した結果をグラフィカルに表す機能も付いていますので、VHDLで書いた結果が、どのような論理回路になるのかを常に意識していると、デジタル回路の知識や経験も格段にアップするはずです。

RSフリップフロップ

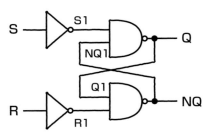

▼論理ゲートを忠実にVHDLで記述

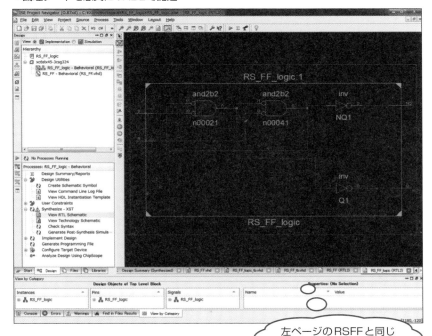

左ページのRSFFと同じ
NOTやNANDが見える。

```
entity RS_FF_logic is

    Port ( R : in  STD_LOGIC;

           S : in  STD_LOGIC;

           Q : out  STD_LOGIC;

           NQ : out  STD_LOGIC);

end RS_FF_logic;


architecture Behavioral of RS_FF_logic is


signal R1 :std_logic;

signal S1 :std_logic;

signal Q1 :std_logic;
```

```
signal NQ1 :std_logic;


begin


S1 <= not S;

R1 <= not R;

Q1 <= S1 nand NQ1;

NQ1 <= R1 nand Q1;

Q <=  Q1;

NQ <= NQ1;


end Behavioral;
```

▼プログラミングのようにVHDLで記述

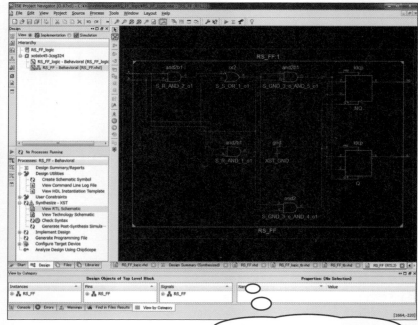

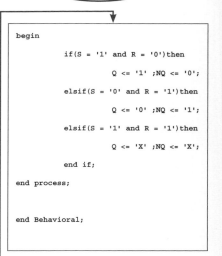

プログラムに合わせて自動的に
論理ゲートをつなぎ合わせてくれる。

```
entity RS_FF is

    Port ( S : in  STD_LOGIC;

           R : in  STD_LOGIC;

           Q : out  STD_LOGIC;

           NQ : out  STD_LOGIC);

end RS_FF;


architecture Behavioral of RS_FF is


begin


process(S,R)
```

```
begin

        if(S = '1' and R = '0')then

                Q <= '1' ;NQ <= '0';

        elsif(S = '0' and R = '1')then

                Q <= '0' ;NQ <= '1';

        elsif(S = '1' and R = '1')then

                Q <= 'X' ;NQ <= 'X';

        end if;

end process;


end Behavioral;
```

第 **6** 章

# 回路シミュレーション
## LTspice入門

　第5章までで、アナログ電子回路とデジタル電子回路の基礎を身に付けることができたと思います。しかし、実際に回路を作って動かしてみるとなると、部品をそろえたり、基板を作ったり、高価な計測装置が必要だったり、いろいろと大変だと思います。

　本章では、コンピュータシミュレーションで回路動作を手軽に確認してみましょう。SPICE（スパイス）と呼ばれる回路シミュレータを使いこなして、電子回路の知識に自信を付けましょう。

# 6-1 回路シミュレーションとは

🔑 **Point**

電子回路をパソコンでシミュレーションするには、どうすればよい
か。そもそも、なぜ、回路シミュレーションが必要なのか。電子部品を
かき集める前に、まずコンピュータの前に座ってみましょう！

## 電子回路を組んで実験するために必要なもの

回路動作を確認するためには、

①部品を集める
②基板を作って配置する
③電源や計測器を準備する

という作業が必要になります。

　大学の電気・電子工学系の研究室や企業の回路設計部門にいれば、簡単にクリア
できると思いますが、一般的には、機器が高価だったり、近くに部品屋さんがなかっ
たりして、敷居が高いと思います。

　ユニバーサル基板と半田ごてを使った回路の製作や、ブレッドボードによる回路
の試作は、ぜひ経験してもらいたいです。

　しかし、回路を組んで実験するのに時間がかかりすぎてやる気が薄れる前に、コン
ピュータを使った回路シミュレーションを体験して、電子回路を動かす楽しさを実
感してください。

　この章は演習てんこ盛りです。すべてを通して行えば、アナログ回路シミュレー
ション、デジタル回路シミュレーションのノウハウがバッチリ身に付きます。

　自力で回路を組む時間がない人は、すでにできている回路や説明動画をサポート
ページで公開していますので、ダウンロードの上、回路を動かしたり動画を見たりし
て、シミュレーションの世界を体験してみてください。

電子部品・回路基板・計測器いらずの回路シミュレーション

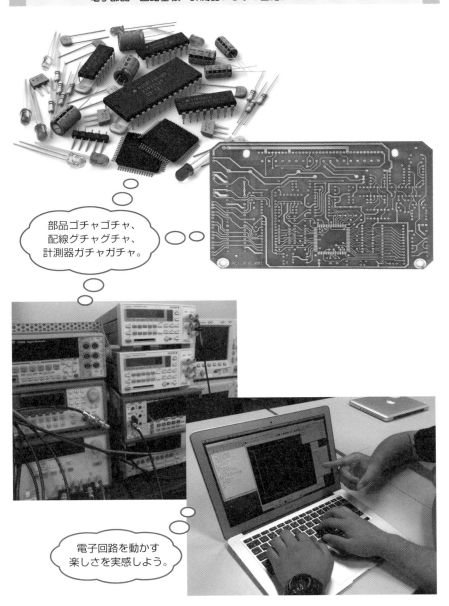

部品ゴチャゴチャ、
配線グチャグチャ、
計測器ガチャガチャ。

電子回路を動かす
楽しさを実感しよう。

6
章

回路シミュレーション

## 回路シミュレーションとSPICE

**回路シミュレーション**とは、回路の配線情報などを回路図形式や**ネットリスト**と呼ばれるテキスト形式で記述し、専用のソフトウエアでコンピュータシミュレーションをして、グラフィカルに波形や特性を表示させることをいいます。

電子回路のシミュレーションは、一般に**SPICE**＊と呼ばれる回路シミュレータを用いて行います。

SPICEは1973年にカリフォルニア大学バークレー校で開発され、現在はこれをベースに有償・無償合わせて様々な種類のSPICEが提供されています。

## SPICEモデル

回路シミュレータで電子回路の動作をシミュレーションするためには、実物の部品やICなどをパラメータとして記述したシミュレーションモデル（SPICEモデル）が必要です。このSPICEモデルをもとに、回路シミュレータで回路方程式を解くことで、電子回路の動作をシミュレーションすることができます。

市販されている素子やICのSPICEモデルは、製造元のWebサイトからダウンロードできることが多いです。また、このSPICEモデルの精度はシミュレーション結果に大きく影響するため、適切なモデルを使用する必要があります。

回路部品とSPICEモデル

回路図シンボル。

テキスト形式でモデルを記述。

```
* Copyright Linear Technology Corp. 2012.  All rights reserved.
*
.subckt LT1083-12 1 2 3
Q1 N003 2 N006 0 N temp=27
Q3 3 N002 2 0 NP
I2 3 N003 55f

Q7 3 N003 N004 0 NA
Q12 2 N004 N002 0 PA
I1 N004 2 100f

D1 N002 3 D
G1 N002 3 3 2 table( 10 0 20 2.8m 35 3m)
    ⋮
```

---

＊ **SPICE**　Simulation Program with Integrated Circuit Emphasisの略。

## 回路シミュレーションの種類

回路シミュレーションにおける主要な解析手法は、次の3つです。

①DC解析（直流解析）
②TRAN解析（過渡解析）
③AC解析（交流解析）

### ● DC解析

DCすなわち「Direct Current」という名前のとおり、直流の電圧・電流の振る舞いを見ます。例えば、入力電圧を変化させたときの各部の電圧や電流を調べることができます。次図で横軸（電圧）の解析がこれにあたり、電圧計や電流計での計測と同様のことができます。

DC解析のグラフ

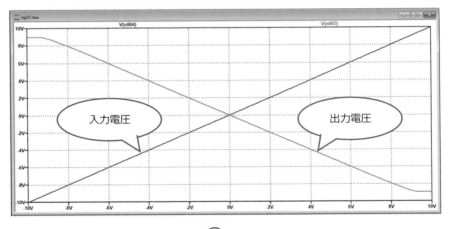

回路の入力電圧を変化させたときの、出力電圧の変化をシミュレーション。

## ●TRAN解析

TRANすなわち「Transient」という名前のとおり、信号の移り変わり、つまり、過渡現象を見ます。次図で横軸（時間）の解析がこれにあたり、オシロスコープでの計測と同様のことができます。

**TRAN解析のグラフ**

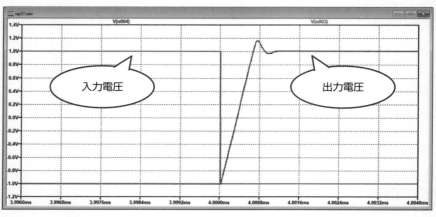

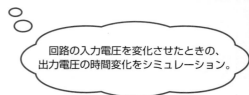

回路の入力電圧を変化させたときの、
出力電圧の時間変化をシミュレーション。

## ●AC解析

ACすなわち「Alternative Current」という名前のとおり、交流信号の振る舞いを見ます。TRAN解析では横軸が時間でしたが、こちらは次ページの図の横軸（周波数）の解析となります。周波数によって信号波形がどのように増幅・減衰するかなどを観測でき、ネットワークアナライザでの計測と同様のことができます。

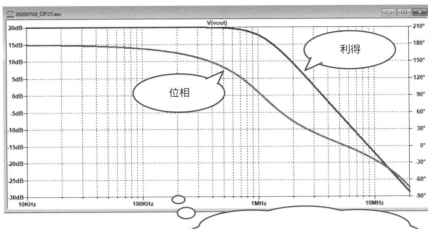

AC解析のグラフ

回路の入力信号の周波数を変化させたときの、
利得と位相をシミュレーション。

**Column**

## 回路シミュレーションとの出会い方（石川編）

　筆者（石川）は、大学4年生の頃、電子回路を専門とする研究室に配属されました。当時は、大学などで回路シミュレータが気楽に使えるような状態ではありませんでした（先輩が使っていたら順番待ちなど）。したがって、仕方なく（?）パーツをかき集めて実験していました。

　いまは状況が違います。気軽にパソコンでシミュレーションができます。出会い方の差でここまで違いが出るのか！　と思うのですが、最近では、電子部品で回路を組んで実験することを億劫に思っている学生も多いようです。

　筆者自身、仕方なく（?）やっていた経験がいまの力になっていると感じます。筆者は、シミュレーションばかりやっていると手を動かしたくなります。何事も出会い方が重要で、出会ったときの気持ちを回想することは、自分自身の成長につながります。

　本文と矛盾するかもしれませんが、皆さんもパソコンの前から離れて、電子部品を実際に触って、電子回路製作の自分史を作ってみませんか？

# 6-2  LTspiceの紹介

🔑 **Point**
　本書で利用するLTspiceという回路シミュレータについて簡単に
紹介します。

## ■ LTspiceとは

　**LTspice**はアナログ・デバイセズ社が提供する高性能なSPICEシミュレーショ
ン・ソフトウエアです。本書執筆時点（2024年2月）ではバージョン17.1.15が
最新であり、同社のWebサイトより無償でダウンロードすることができます。
Windows 7以降、Mac OS X 10.15以降で利用できるので、ぜひお手元のパソコ
ンにインストールしてみてください。

## ■ LTspiceの特徴

　「LTspice」は回路図記述、ネットリスト変換、シミュレーション、波形ビューワと
いった様々な機能が統合されたものです。

　LTspiceでは、主に以下の2つの作業ウィンドウ（**ペイン**と呼ばれます）を使っ
て、回路シミュレーションを行います。LTspiceの詳細な使い方については、様々な
書籍やWebサイトでまとめられていますので、本書では簡単な機能の説明のみに留
めています。

### ● 回路図ペイン

　回路図ペインでは、シミュレーションする電子回路や解析コマンドを記述します。
画面上部のツールバーからディスクリートパーツや電圧源などを選んで配置し、線
で結んで回路図を作成します。また、汎用的なトランジスタやダイオード、アナロ
グ・デバイセズ社製のICなどのSPICEモデルがあらかじめ用意されており、これら

の部品も利用することができます。Webサイトからダウンロードした他社製のICなどのSPICEモデルは、ライブラリに追加することでLTspice内でも利用できるようになります。

## ● グラフ・ペイン

回路図ペインでシミュレーションを実行すると、**グラフ・ペイン**が表示されます。グラフ・ペインでは、回路図ペインで記述した解析手法 (DC解析、AC解析、TRAN解析など) に応じた計算結果のグラフを確認することができます。

回路図ペイン上の任意の配線やノード (交点) をマウスでクリックすると、その点の電圧や電流などの波形が表示されます。

**回路図ペイン (下) とグラフ・ペイン (上)**

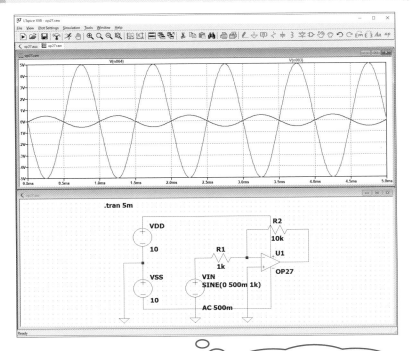

回路図作成から波形表示までできる統合環境。

## サンプル回路／デモ回路

LTspiceでは、あらかじめ用意されたアナログ・デバイセズ社製ICを使ったサンプル回路を利用することもできます。画面上部のツールバーから[Component]を選択し、表示されたウィンドウのテキストボックスに任意のICの型番を入力して[Open this macromodel's test fixture]を選択すると、周辺回路や解析コマンドを含めたサンプル回路が表示されます。

また、アナログ・デバイセズ社のWebサイトにも「LTspice デモ回路集」というページが用意されており、こちらからも任意のICのデモ回路をダウンロードして利用することができます。

サンプル回路の呼び出し

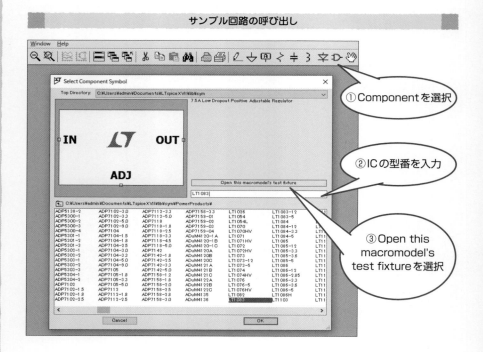

デモ回路のダウンロードページ

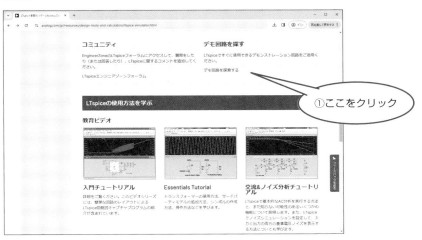

①ここをクリック

②ここから
ダウンロード

## 6-3 LTspiceの使い方

### Point

LTspiceのインストールから使い方までを見てみましょう。ここさえ読めば回路シミュレーションなんて簡単！

### LTspiceをインストールしよう

まずはアナログ・デバイセズ社の公式Webサイトにアクセスしてください。本書執筆時点（2024年2月）では「設計リソース>資料ライブラリ>設計／計算ツール>LTspice」と進んでいくと、OSごとのダウンロードボタンや各種チュートリアルのリンクが表示されます。

**LTspiceのダウンロードページ**

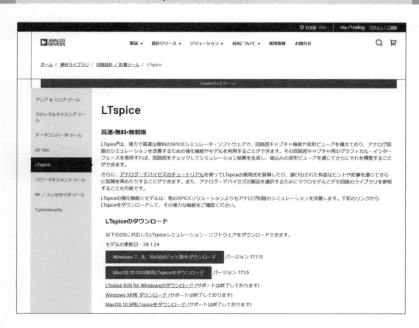

　例としてWindows用のダウンロードボタンを押すと、「LTspice」をインストールするためのmsiファイルをダウンロードできます。

　ダウンロードしてきたファイルをダブルクリックすると、「LTspice」のインストールが始まります。利用規約に同意しインストールフォルダを選択した後、Installボタンをクリックするとインストールが始まります。

**LTspiceのインストール用ファイル**

**LTspiceのインストール画面**

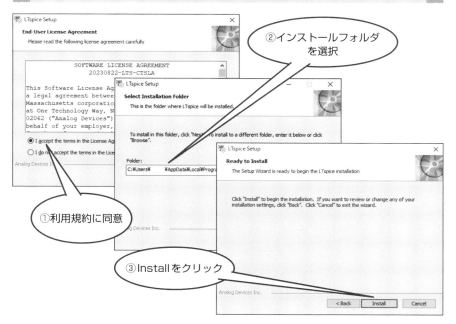

②インストールフォルダ
を選択

①利用規約に同意

③Installをクリック

### LTspice を起動してみる

　インストールが完了したら、早速、「LTspice」を起動してみましょう。先ほど指定したインストールフォルダへ移動するとexe形式の起動ファイルができていますので、これをダブルクリックすると「LTspice」が起動します（デスクトップには起動用アイコンができているので、そこからも起動できます）。

**LTspice のインストールフォルダの中身**

| | | | |
|---|---|---|---|
| examples.zip | 2023/09/28 15:59 | 圧縮 (zip 形式) フォ... | 3,432 KB |
| lib.zip | 2023/09/28 15:59 | 圧縮 (zip 形式) フォ... | 36,519 KB |
| License.pdf | 2023/10/02 6:05 | Adobe Acrobat D... | 122 KB |
| License.txt | 2023/10/02 6:05 | テキスト ドキュメント | 35 KB |
| LTspice.exe | 2023/10/02 6:32 | アプリケーション | 32,459 KB |
| LTspice.json | 2023/09/26 15:53 | JSON ファイル | 1 KB |
| LTspiceHelp.chm | 2023/10/02 6:05 | コンパイルされた HT... | 5,684 KB |
| updater.exe | 2023/10/02 6:34 | アプリケーション | 1,185 KB |
| updater.ini | 2024/02/01 11:37 | 構成設定 | 1 KB |

起動ファイル「LTspice.exe」をダブルクリック

---

**Column**

## IC設計に必要なツール

　SPICEには主に2通りの回路記述方法があります。1つは本書で扱うLTspiceのように回路図形式で記述する方法、もう1つはネットリストと呼ばれるテキスト形式で記述する方法です。IC設計を行う企業や高専・大学の研究室では、後者の記述方法を用いたSynopsys社のHSPICEという有償ソフトが広く利用されています。

　SPICEを使いこなせると回路設計ははかどりますが、シミュレーションだけではICを作ることはできません。実際にICを製造するためには、EDA（Electronic Design Automation）と呼ばれるソフトウエアを用いて、設計した回路をシリコン基板上に配置・配線するためのレイアウト設計を行う必要があります。IC設計に不可欠なEDAですが、ジーダット社が国産EDAであるSX-Meisterというツールを開発しています。近年、半導体製造の国内回帰という話題を耳にしますが、製造装置だけでなくこれらの設計ツールも国内回帰することが、「電子立国・日本」復活のためには必要ではないでしょうか。

## 回路シミュレーションを体験してみる

「LTspice」の起動ができたら、第1章で学んだキルヒホッフの法則を例に、「LTspice」の基本的な使い方を覚えていきましょう。

❶ツールバーの一番左にある「New Schematic」アイコンをクリックして回路図ペインを呼び出します。はじめに、ツールバーのView＞Show Gridのチェックをオンにしておくと、回路図ペイン上にグリッドが表示されるので便利です。

**起動画面と回路図ペイン**

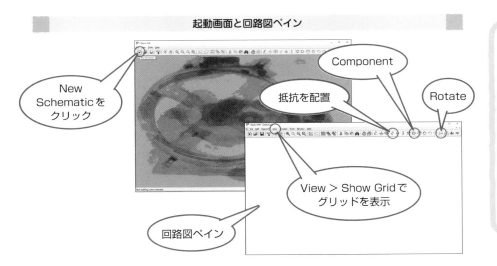

❷配置したい回路部品のアイコンをツールバーから選択し、回路図ペイン上にドロップします。今回は抵抗を配置したいので抵抗の記号を選びましょう。部品を回転させたいときは、部品を選択した状態で、回路図ペイン上に配置する前に「Rotate」アイコンをクリックすると90度回転します。配置した部品を複製したいときは「Copy」アイコンをクリックしてから複製したい部品を選択、部品を移動したいときは「Move」アイコンをクリックしてから移動したい部品を選択してみてください。

❸電源や半導体素子、ICなどを配置する場合は、ツールバーから「Component」をクリックします。表示されたポップアップ画面から部品を検索できますが、今回は電圧源を配置したいのでvoltageを選択（テキストボックスに入力すると自動的に検索されます。以下も同様）して配置します。

## 抵抗と電圧源を配置

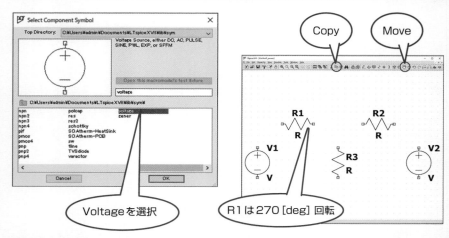

Copy

Move

Voltageを選択

R1は270 [deg] 回転

❹回路部品を配置し終えたら、ツールバーから「Wire」をクリックし、部品同士を配線します。また、「Ground」アイコンをクリックしてグラウンド端子を配置します。

❺回路部品を右クリックしてプロパティを表示し、抵抗値や電圧値を入力します。今回はR1=1 [Ω]、R2=2 [Ω]、R3=3 [Ω]、V1=10 [V]、V2=13 [V] としてみましょう。

❻最後に解析条件を記述します。解析条件はツールバー上部のEdit>Spice Directiveをクリックし、記述します。今回は「.tran 10u」と記述してみましょう。

## キルヒホッフの法則を確認する回路図が完成

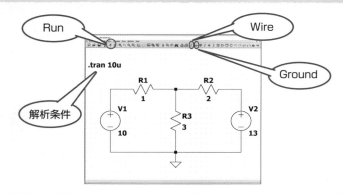

Run

Wire

Ground

.tran 10u

解析条件

❼それではいよいよシミュレーションを実行してみましょう。ツールバーの「Run」のアイコンをクリックして実行します。成功するとグラフ・ペインが表示されます。

　回路図ペイン上で、配線の上にマウスを持っていくと赤いプローブのアイコンに変わります。これが**電圧プローブ**です。任意の配線やノードをクリックすると、電圧の大きさをグラフで見ることができます。
　同様に、マウスを回路部品の上に持っていくと電流プローブのアイコンに変わり、任意の部品に流れる電流の大きさをグラフで見ることができます。

### 電圧プローブ（左）と電流プローブ（右）

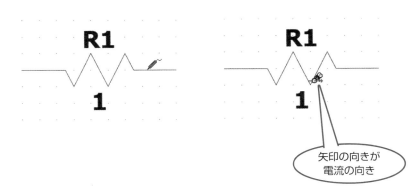

矢印の向きが
電流の向き

　さて、各抵抗を流れる電流値をグラフ・ペインに表示させてみてください。第1章で学んだキルヒホッフの法則の計算結果と一致していることを確認できましたか？
　なお、任意の波形を削除したいときは、グラフ・ペインを選択した状態でツールバーの「Cut」アイコンをクリックし、削除したい波形名をクリックすればOKです。
　ちなみに、グラフに表示される電流の極性（電流プローブの矢印の向き）は、抵抗の向きによって変化します。極性を逆にしたいときは、回路図ペイン上で抵抗をRotateし、180［deg］回転させてみてください。
　作成した回路は、ツールバーのFile＞Save asをクリックして名前を付けて保存しておきましょう。

## キルヒホッフの法則のシミュレーション結果

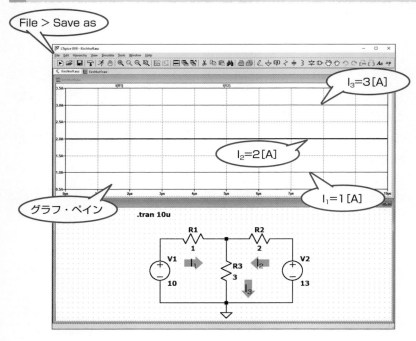

File > Save as

$I_3 = 3[A]$

$I_2 = 2[A]$

$I_1 = 1[A]$

グラフ・ペイン

## 任意の波形を削除

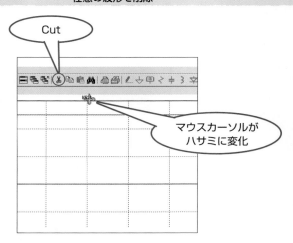

Cut

マウスカーソルが
ハサミに変化

# 6-4 「増幅」をシミュレーションで体験しよう

**Point**

LTspiceの使い方に慣れたところで、次はいよいよトランジスタを用いて、アナログ回路の花形「増幅」をシミュレーションで体験してみましょう。

## トランジスタの$V_{BE}$-$I_B$特性（入力特性）を描いてみよう

まずは第2章で学んだトランジスタの入力特性をシミュレーションしてみましょう。

❶先ほどと同様、ツールバーの「New Schematic」アイコンをクリックして新しく回路図ペインを開いたら、電圧源、抵抗、グラウンド端子を配置します。やり方を忘れてしまった人は、もう一度6-3節に戻って確認してみましょう。

❷回路部品の名前（V1、R1など）を変更してみましょう。部品名を右クリックするとポップアップ画面が表示され、名前を自由に変更することができます。部品数が増えると回路図が複雑になってくるので、わかりやすい名前に変更する癖を付けておくことをおすすめします。

今回はトランジスタのベース側に挿入する電源をVBB、コレクタ側に挿入する電源と抵抗をそれぞれVCC、RCと変更してみてください。

**部品名を変更する**

❸それでは、今回の主役であるトランジスタを配置してみましょう。ツールバーの「Component」アイコンをクリックし、npnを選択してみてください。npnトランジスタの回路記号が出てくるはずです。トランジスタを配置したら、素子のモデルを設定してみましょう。配置したトランジスタを右クリックし、「Pick New Transistor」というボタンをクリックします。

すると、LTspiceで使用できる実際のnpnトランジスタのモデル名一覧が表示されます。今回は2N2222というモデルを選んでみましょう。

## 入力特性のシミュレーション回路

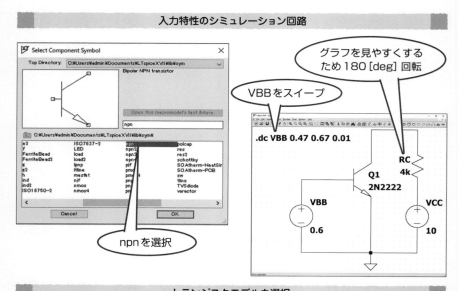

## トランジスタモデルを選択

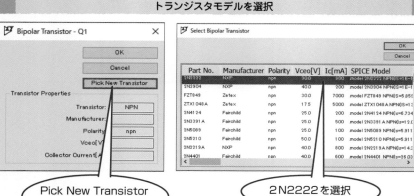

❹部品の配置が終わったら、部品同士を配線で接続し、各部品の素子値を入力していきましょう。今回はRC＝4［kΩ］（入力欄は［Ω］単位ですので、実際には「4k」と入力します。以下も同様）、VBB＝0.6［V］、VCC＝10［V］としてみましょう。

❺回路が完成したら解析条件を記述しましょう。今回はトランジスタの入力特性をシミュレーションしたいので、DC解析を実行します。ツールバー上部のEdit ＞ Spice Directiveをクリックし、「.dc VBB 0.47 0.67 0.01」と記述してみてください。
これは、「VBB（電圧源）を0.47［V］から0.67［V］まで0.01［V］刻みでスイープ（変化）させて解析させる」という意味です。

❻それではシミュレーションを実行してみましょう。グラフ・ペインが表示されたら、回路図ペイン上でVBBの上にマウスカーソルを持っていき、ベース電流$I_B$を表示させてみましょう。このとき、クランプ電流計に表示される赤い矢印が、測定する電流の向きを表しています。
今回のシミュレーションではトランジスタのベースに流れ込む電流を見たいので、グラフの縦軸（$I_B$）の極性を反転させたほうが見やすいです。グラフ・ペイン上部の電流名を右クリックし、表示されるテキストボックスで電流名の先頭に－（マイナス）を付けてあげると、$I_B$の極性が反転します。

　シミュレーションがうまくできた人は、第2章で学んだトランジスタの入力特性のグラフが表示されたはずです。余力がある人は、トランジスタモデルの違いによる変化も試してみてください。

**6章** 回路シミュレーション

入力特性のシミュレーション結果

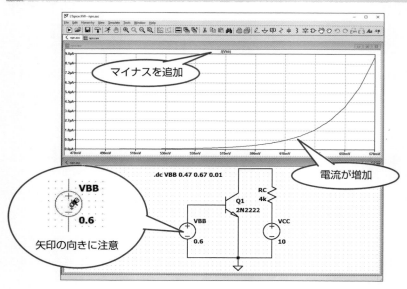

## トランジスタの$V_{CE}$-$I_C$特性（出力特性）を描いてみよう

　入力特性の次は出力特性をシミュレーションしてみましょう。先ほど作成した入力特性の回路を別名で保存し、編集していきます。

　先ほどはVBBの大きさを変化させることで入力特性を描きましたが、第2章で学んだような出力特性を描くためにはどうすればいいでしょうか？

　出力特性をシミュレーションするためには、VBBに加えてVCCの大きさも変化させる必要があります。実はLTspiceでは、複数のパラメータの大きさを同時に変化させることができます。

　先ほど記述した解析条件を右クリックしてみてください。ポップアップ画面の中央下あたりの「Syntax」を参考に、＜Source1＞および＜Source2＞の部分に電圧源の名前を指定してあげればいいのです。

　今回は、VCCをSource1、VBBをSource2として、「.dc VCC 0 10 0.01 VBB 0.47 0.67 0.01」と記述してみましょう。これは、「VCCを0Vから10Vまで0.01V

刻みで変化させ、かつVBBを0.47[V] から0.67[V] まで0.01[V] 刻みで変化させて解析させる」という意味です。

**出力特性のシミュレーション回路**

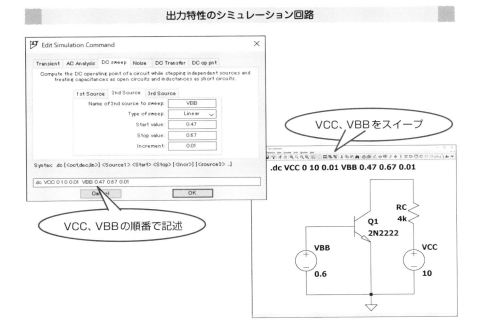

解析条件を変更したら、シミュレーションを実行してみましょう。回路図ペイン上でRCの上にマウスカーソルを持っていってクリックすると、第2章で学んだ出力特性のグラフが表示されたはずです。グラフの横軸がVCC、縦軸が$I_C$をそれぞれ表しています。斜めの線から分かれた数本の水平に近い線 (実際はカラフルに表示される) がVBBをスイープさせたときのグラフで、VBBが高くなるにつれて$I_C$も大きくなっていることが確認できますね。

ちなみに、どの色のグラフがどのVBBの値に対応しているかを確認したいときは、グラフ・ペイン上で右クリックし、View > Select Stepsとクリックすれば、ポップアップ画面から任意の波形のみを選択して描画することができます。

## 出力特性のシミュレーション結果

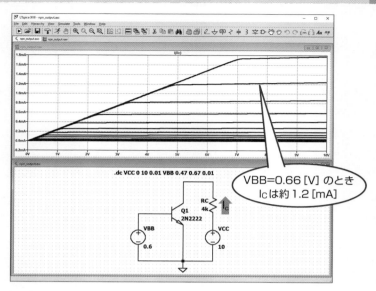

VBB=0.66 [V] のとき
$I_C$ は約1.2 [mA]

## 描画する波形を選択

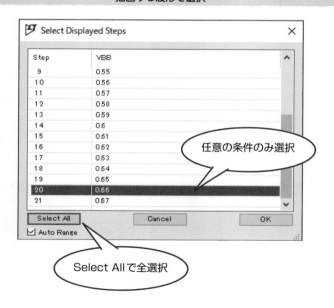

任意の条件のみ選択

Select All で全選択

## トランジスタの増幅作用を確認してみよう

トランジスタの入出力特性を確認したので、次は、実際に固定電圧（バイアス）をかけたときの動作の様子をシミュレーションしてみましょう。前項と同様、直前に作成した出力特性の回路を別名で保存し、編集していきます。

今回はVBB、VCCを固定した場合の特性を見たいので、TRAN解析を実行します。回路図ペイン上の解析条件を右クリックし、「.tran 10u」と記述してみましょう。これは、「10［$\mu$s］まで時間を変化させて解析させる」という意味です（uは$\mu$のことです）。また、VBBの電圧値を0.6602［V］に変更してみてください。

ここまで完了した人はシミュレーションを実行し、VBBを流れる電流（$I_B$）とRCを流れる電流（$I_C$）を比較してみましょう。グラフの一部を拡大したいときは、ツールバーの「Zoom to rectangle」アイコンをクリックし、拡大したい部分をマウスでドラッグしてみてください。$I_B$は約6［$\mu$A］、$I_C$は1.25［mA］となり、約208倍の電流増幅率となっていることが確認できますね。ちなみにVBBを細かい桁まで指定しているのは、トランジスタのコレクタ電圧$V_{CE}$をVCCの2分の1の値（5［V］）付近に設定したいためです。余力のある人は、VBBの値を変化させたときに$I_B$, $I_C$, $V_{CE}$がどう変化するかをシミュレーションしてみましょう。

**6章　回路シミュレーション**

### 増幅作用のシミュレーション

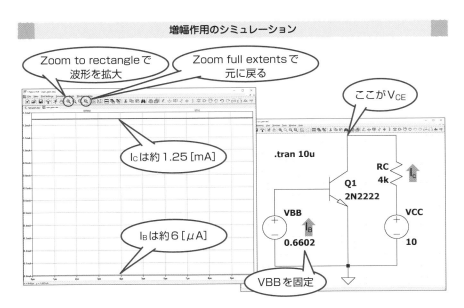

Zoom to rectangleで波形を拡大

Zoom full extentsで元に戻る

ここが$V_{CE}$

$I_C$は約1.25［mA］

.tran 10u

RC 4k　$I_C$

Q1 2N2222

VBB　$I_B$

VCC

0.6602

10

$I_B$は約6［$\mu$A］

VBBを固定

## 電流帰還バイアスのシミュレーション

前回までは電圧源を2つ利用する2電源バイアスという方式を用いてトランジスタのシミュレーションを実行してきましたが、標準的に利用される電流帰還バイアス回路を用いたシミュレーションも体験してみましょう。電流帰還バイアスを忘れた人は第2章を見返してみてください。

では早速、シミュレーション回路を作成していきましょう。

❶先ほどシミュレーションした回路を編集して、電流帰還バイアスの回路図を作成しましょう。RAとRBは、VCCを分割してベース電圧$V_B$を決定するための**ブリーダ抵抗**と呼ばれ、REはバイアスを安定化する働きがあります。$I_A$は$I_B$の10倍以上、$V_E$はVCCの10%程度とするのが一般的です。

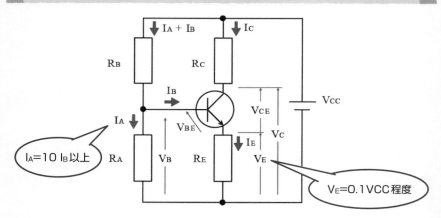

電流帰還バイアスの回路図と各電圧・電流の対応

❷前回のシミュレーションで確認した値を用いて、VCC=10 [V]、$V_{BE}$=0.6602 [V]、$I_B$=6.01 [μA]、$I_C$=1.24 [mA]、電流増幅率は208倍として各抵抗値を設計していきます。今回は、$I_A$=20 $I_B$、$V_E$=1 [V]、$V_C$=5 [V] となるように計算すると、RA=13.81 [kΩ]、RB=66.08 [kΩ]、RC=4 [kΩ]、RE=800 [Ω] となりますので、これらの抵抗値を入力してみましょう。各抵抗値の計算方法を知りたい人は、検定教科書や他の書籍を調べてみてください。

❸解析条件は「.tran 10u」のままでシミュレーションを実行してみましょう。

　シミュレーションが成功した人は、まずは$I_B$の値を確認してみましょう。$I_B$はRB
を流れる電流からRAを流れる電流を引いた値になります。グラフ・ペインで各抵抗
を流れる電流値を調べてみると、$I_{RB}$は約126 [$\mu$A]、$I_{RA}$は約120 [$\mu$A] となってい
るので、$I_B$は約6 [$\mu$A] と設計どおりの値になっていることがわかりますね。

　同じように$I_C$の値を確認してみると、約1.24 [mA] とこちらもほぼ設計どおりの
値になっていることがわかります。

　次にベース電圧$V_B$の値を確認してみましょう。RAとRBの間の電圧を電圧プ
ローブで確認してみると約1.659 [V] となっており、ブリーダ抵抗によってVCCが
分圧されていることがわかりますね。

**電流帰還バイアスのシミュレーション**

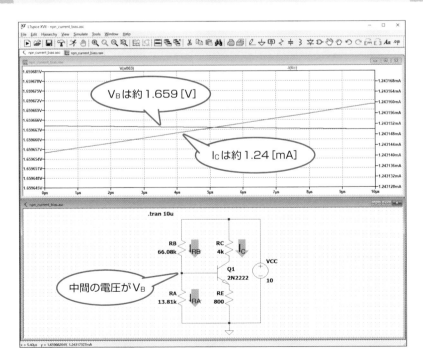

## 信号を増幅してみよう

バイアス回路の準備ができたところで、実際に信号を入力して増幅作用を確認してみましょう。

❶先ほどシミュレーションした回路を編集し、次図の枠内のように新たに電圧源VIN、コンデンサC1、C2、抵抗R1を追加してみてください。C1とC2は、直流成分をカットして信号成分のみを通す働きがあり、**カップリングコンデンサ**と呼ばれます。

**信号増幅の回路図**

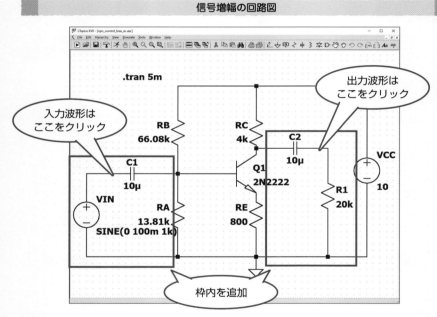

❷VINを右クリックして、表示されるポップアップ画面で「Advanced」を選択し、左側のFunctionsから「SINE」にチェックを入れます。すると入力信号の詳細な設定欄が表示されるので、DC Offset（オフセット電圧）を0 [V]、Amplitude（振幅）を100 [mV]、Freq（周波数）を1 [kHz] としてみましょう。

❸解析条件を「.tran 5m」に変更してシミュレーションを実行してみましょう。

　シミュレーションが成功した人は、回路図ペイン上でC1の左側をクリックすると入力波形が、C2の右側をクリックすると出力波形が表示されます。入力信号の振幅は±100［mV］、出力信号の振幅は位相が反転し約±400［mV］となっており、信号を増幅できていることが確認できますね。

## 信号の設定

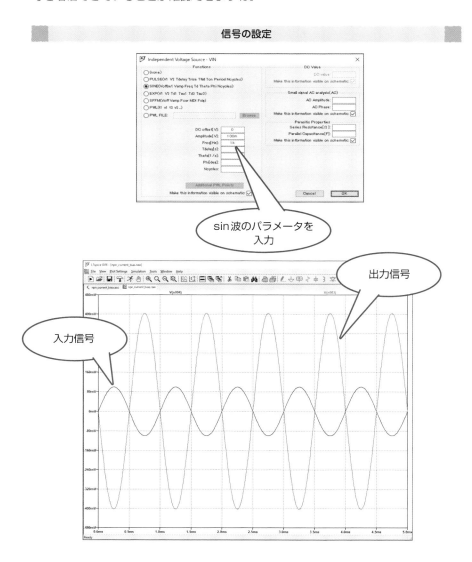

sin波のパラメータを
入力

出力信号

入力信号

# 6-5 「フィルタ」をシミュレーションで体験しよう

Point

🔑 **Point**

　増幅作用の次は、オペアンプを使った周波数フィルタのシミュレーションを体験してみましょう。

### オペアンプを使った反転増幅回路のシミュレーション（AC解析）

　ここまでで、DC解析とTRAN解析を使いこなせるようになったはずです。ここではAC解析を用いて、オペアンプを使った回路の周波数特性をシミュレーションしていきます。まずは、利得100倍（40［dB］）の反転増幅回路を作成し、シミュレーションしてみましょう。

❶新しく回路図ペインを開いてオペアンプを配置してみましょう。ツールバーの「Component」アイコンをクリックし、ポップアップ画面から[Opamps]というタブをダブルクリックしてみると、LTspiceで利用できるオペアンプICの型番一覧が表示されます。今回はOP27というオペアンプを選んでみましょう。

**オペアンプを選択**

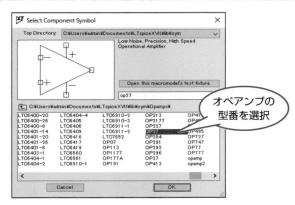

❷利得100倍の反転増幅回路を構成するための抵抗を配置します。今回は1[kΩ] と100[kΩ]の組み合わせになるように抵抗値を入力してみましょう。

❸オペアンプの電源、信号源、グラウンド端子を配置します。オペアンプのプラス電 源端子に10[V]、マイナス電源端子に−10[V]の電圧がかかるように接続してみ ましょう。信号源VINに用いるVoltage素子は、右クリックして表示されるポップ アップ画面で「Advanced」をクリックし、右側の「Small signal AC analysis (AC)」枠内の「AC Amplitude」に1と入力してみてください。

❹配線が完了したら解析条件を指定します。今回は周波数特性を見たいのでAC解析 を実行します。ツールバーからEdit>Spice Directiveをクリックし、「.ac dec 20 10 10meg」と記述してみてください。これは、「周波数10倍ごとに20点とって 10[Hz]から10[MHz]まで解析させる」という意味です。LTspiceでは大文字・ 小文字の区別をしないため、M(メガ)はmegと記述することに注意しましょう。

❺回路図が完成したらシミュレーションを実行してみましょう。

シミュレーションが成功した人は、回路図ペイン上でオペアンプの出力端子をク リックしてみてください。AC解析では、利得と位相の2つのグラフが表示されます。 初期設定では、グラフ・ペイン左側の第1軸が利得(グラフは実線)、右側の第2軸 が位相(グラフは破線)を表しています。

利得は40[dB]、位相差は180[deg]からスタートし、約80[kHz]のときに利 得は3[dB]低下し、位相は約45[deg]遅れます。この点を**遮断周波数**といいます。 そこからさらに周波数をスイープしていくと、約3.8[MHz]のときに利得は0[dB] (1倍)となっていることがわかります。この点を**GB積**といいます。

このようにAC解析では、周波数が変化した場合の利得と位相の変化を簡単に確 認することができます。このようなグラフをボード線図といいますが、初めて見る人 は出力波形の変化のイメージがつきにくいかもしれません。そこで、今度はTRAN 解析で正弦波を入力した場合の入出力波形を確認し、周波数を変えた場合に利得と 位相がどう変化するのか確認してみましょう。

**6章**

回路シミュレーション

反転増幅回路のシミュレーション

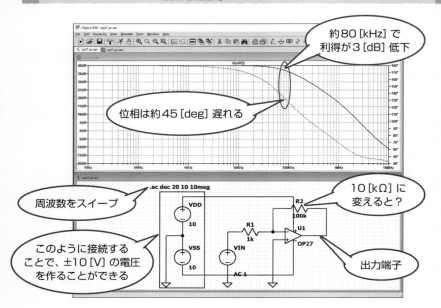

約80 [kHz] で利得が3 [dB] 低下

位相は約45 [deg] 遅れる

周波数をスイープ

このように接続することで、±10 [V] の電圧を作ることができる

10 [kΩ] に変えると？

出力端子

## オペアンプを使った反転増幅回路のシミュレーション（TRAN解析）

今度は反転増幅回路に正弦波を入力し、周波数を高くしていった場合の変化をTRAN解析で見てみましょう。先ほどの回路を別名で保存し、編集していきます。

まず、オペアンプの帰還抵抗R2の値を10 [kΩ] に変更してみましょう。

次に、信号源VINを右クリックして「Advanced」を選択し、左側のFunctionsから「SINE」にチェックを入れます。すると入力信号の詳細な設定欄が表示されるので、DC Offset（オフセット電圧）を0 [V]、Amplitude（振幅）を500 [mV]、Freq（周波数）を1 [kHz] と入力してみましょう。信号源の設定が完了した人は、解析条件を「.tran 5m」に修正し、シミュレーションを実行してみましょう。

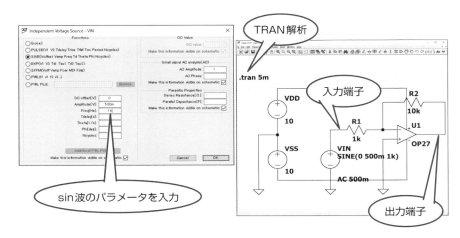

オペアンプのシミュレーション回路（TRAN解析）

回路図ペイン上でオペアンプの入力端子と出力端子の電圧プローブをクリックします。先ほどのボード線図と違い、横軸時間の正弦波が表示されましたか？

まずは出力振幅が入力振幅の−10倍になっていることを確認してみてください。また、このときの入出力の位相のずれはほぼ180［deg］になっていますね。

では、信号源の周波数を高くしてみましょう。周波数を200［kHz］に変更し、再度シミュレーションしてみてください。先ほどの場合よりもグラフが表示されるのに時間がかかり、なんだか太い横線が出てきましたね。周波数が高くなると5［ms］以内に表示される波形の数が多くなるので、より細かい解析が必要になり、シミュレーション時間が増えてしまいます。解析条件を右クリックし、「Stop time」を20uと短くしてみてください。入力振幅は変わっていないのに、出力振幅は約±3.6［V］まで低下し、位相も遅れてきていることがわかります。

次に、周波数を550［kHz］、解析条件の「Stop time」を10uに変更して再度シミュレーションしてみると、今度は出力振幅が約±1.3［V］まで低下し、位相は約90［deg］遅れていることがわかりますね。

このように、TRAN解析で波形を見てみると、先ほどのボード線図のとおり周波数が高くなるにつれて利得は低下し、位相は遅れていくことがイメージしやすくなります。

6
章
回路シミュレーション

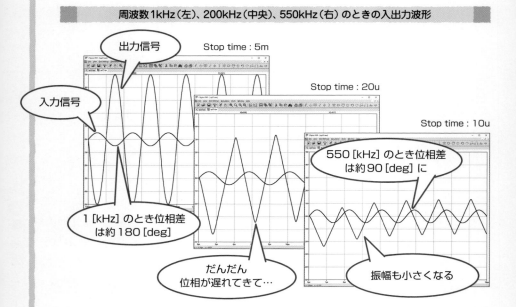

周波数1kHz（左）、200kHz（中央）、550kHz（右）のときの入出力波形

## オペアンプを使ったローパスフィルタのシミュレーション

　本節ではAC解析の使い方もマスターしたので、いよいよフィルタ回路のシミュレーションを体験してみましょう。第4章で学んだ、オペアンプを使った周波数フィルタ回路を作成します。先ほどの回路を別名で保存し、編集していきましょう。

　今回はローパスフィルタを構成したいので、オペアンプの帰還抵抗Rと並列にコンデンサを配置します。ツールバーのコンデンサのアイコンをクリックしてみましょう。容量値は0.1 [$\mu$F] とします。また、解析条件を右クリックし、「Stop frequency」を100 [kHz] までに修正してシミュレーションを実行してみてください。

　このローパスフィルタの遮断周波数$f_C$は

$$f_c = \frac{1}{2\pi CR} \text{ [Hz]}$$

で求めることができ、今回はC=0.1 [$\mu$F]、R=10 [kΩ] であるため、$f_C$は約159 [Hz] となります。グラフ・ペインでオペアンプの出力端子の利得を確認すると、シミュレーションにおける$f_C$は約158 [Hz] となっており、ほぼ設計どおりの特性となっていることがわかります。

ローパスフィルタのシミュレーション

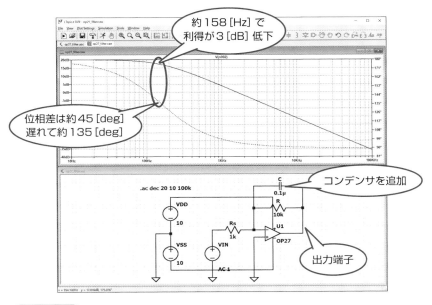

約158 [Hz] で
利得が3 [dB] 低下

位相差は約45 [deg]
遅れて約135 [deg]

コンデンサを追加

.ac dec 20 10 100k

出力端子

**6**
章

回路シミュレーション

### Column

## 煙が出ないシミュレーションとトランス事件

　大学、高専、工業高校では、学生実験というものがあり、実際に手を動か
しながらデバイスや電源、計測機器の扱い方をマスターすることができま
す。そして、その実験の際、学生が電源をショートさせてしまうことがあり
ます。回路の配線を確認せずに電源ONにすることまでは、確かに入門者に
はよくあることですが、その後の行動で驚きました。

　「先生、トランスから煙が出ています」という冷静な報告。衝撃を受けま
した。煙が出ているのに電源を切っていません。報告は素晴らしいのです
が、まずは安全確保が第一です。

　筆者（石川）の学校では、回路シミュレーションをあまり教えていないの
ですが、シミュレーション偏重の世の中になって、熱いものは熱いと感じる
ことができなくなるのでは？　と少し心配になります。シミュレーションは
楽しいですが、煙も出なければ熱くもなりません。

# 6-6 「組み合わせ回路」をシミュレーションで体験しよう

🔑 **Point**

実は「LTspice」にはデジタル回路のシンボルも用意されています。アナログ回路をマスターしたら、次はデジタル回路のシミュレーションに取り組んでみましょう。

### 論理ゲートのシミュレーション

「LTspice」には、第5章で学んだ組み合わせ回路のシンボルも用意されています。ツールバーの「Component」アイコンをクリックし、ポップアップ画面から[Digital]というタブをダブルクリックしてみましょう。and（AND回路）、inv（NOT回路）、or（OR回路）、xor（XOR回路）の4つの論理ゲートが用意されています。

and、or、xorはそれぞれ5入力・2出力の論理ゲートとなっています。〇が付いているほうの出力端子は反転出力となっており、こちらの端子を使用することでNAND、NOR、NXORの機能も実現することができます。通常、使用しない入出力端子とCOM端子はグラウンドに接続して使用します。

それでは、AND回路を例にシミュレーションで動作を確認してみましょう。

論理ゲートのシンボル

AND回路 A1

OR回路 A3

COM端子

NOT回路 A2

XOR回路 A4

COM端子

❶新しく回路図ペインを開いてComponentからAND回路を配置してみましょう。

❷同じくComponentから入力信号源となる電圧源を配置します。

　今回は2入力とするため、voltageを2つ配置してみましょう。第5章で学んだ真理値表のように入力の組み合わせと出力の対応を確認するため、パルス信号を入力します。電圧源を右クリックし、ポップアップ画面で「Advanced」をクリックして左側のFunctionsから「PULSE」を選択します。
　項目が多くてちょっとややこしいですが、Vinitialは電圧の初期値、VonはパルスがHighのときの電圧値、Tdelayはディレイ時間、Triseは立ち上がり時間、Tfallは立ち下がり時間、TonはパルスがHighの時間、Tperiodは周期を表しています。
　V1は上から順に「0 1 1m 1n 1n 1m 3m」、V2は「0 1 2m 1n 1n 1m 2m」と入力してみましょう。

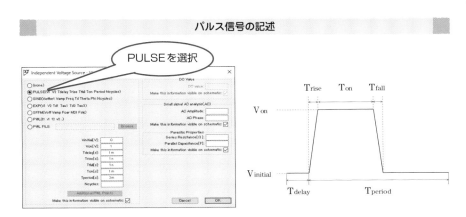

パルス信号の記述

PULSEを選択

❸出力端子、反転出力端子にラベルを付けてみましょう。ツールバーの「Label Net」アイコンをクリックし、ポップアップ画面でPort Typeを「Output」に設定します。出力端子のラベルを「X」、反転出力端子のラベルを「−X」と入力してみましょう。

❹部品同士を配線していきます。AND回路の使用していない入力端子とCOM端子は、それぞれグラウンド端子に接続しましょう。

6章 回路シミュレーション

❺解析条件を「.tran 5m」と記述し、シミュレーションを実行してみましょう。

AND回路のシミュレーション回路

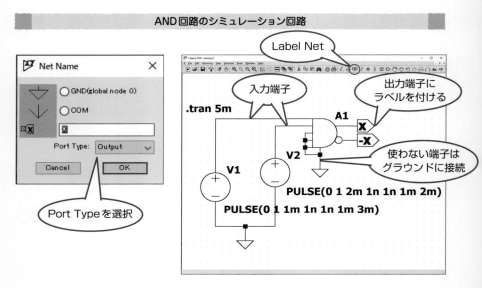

❻シミュレーションが成功した人は、入力波形と出力波形をそれぞれ別々のグラフに描画してみましょう。グラフ・ペイン上で右クリックし、「Add Plot Pane」をクリックしてみてください。

グラフを表示する枠が増えましたね。それぞれの枠をクリックした状態で任意のノードをクリックすると、それぞれ個別のグラフとして表示することができます。今回は2つの入力波形と出力波形を並べて表示したいので、グラフエリアを3つ作成しましょう。

ここまでできた人は、各グラフエリアにV1、V2、Xの波形を表示してみてください。第5章で学んだAND回路の真理値表と同じように、両方の入力がHighのときだけ出力がHighになっていることが確認できますね。

入力信号が同時に変化するタイミングで出力に**ハザード**（グリッチともいいます）が発生していますが、今回は動作の確認なので無視してかまいません。

余力がある人は、入力信号の数を増やしてみたり、OR回路やXNOR回路のシミュレーションも試してみましょう。

AND回路のシミュレーション

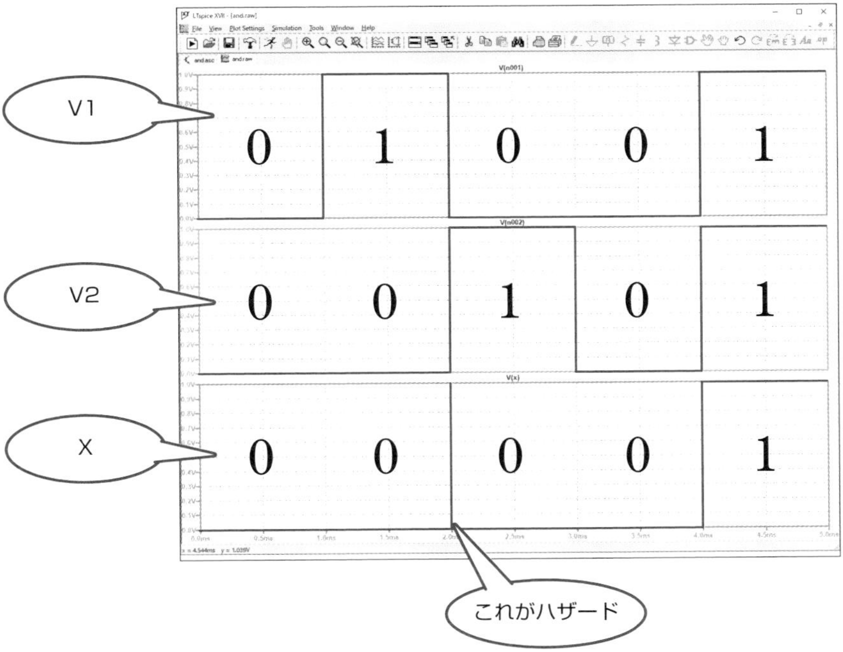

これがハザード

## 半加算器のシミュレーション

基本論理ゲートのシミュレーションの次は、第5章で学んだ半加算器の動作をシミュレーションしてみましょう。先ほどの回路を別名で保存し、編集していきます。

ComponentからXOR回路を配置し、半加算器の回路図と同じように配線します。AND回路と同様に、使用しない端子とCOM端子はグラウンド端子と接続しましょう。入力信号は先ほどのV1とV2の記述を入れ替えます。

回路が完成した人はシミュレーションを実行してみましょう。今回は、2つの入力と2つの出力の計4つの波形を並べて表示したいので、グラフエリアをもう1つ増やして各波形を表示させてみてください。入力がどちらか一方のみHighのときは出力SがHigh、入力が両方Highのときは出力CがHighとなっており、第5章で学んだ半加算器の動作と一致することが確認できますね。

6 章 回路シミュレーション

半加算器の回路図

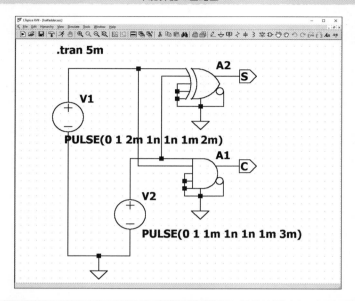

半加算器の回路図

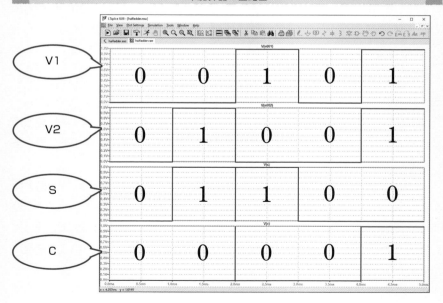

# 6-7 「順序回路」をシミュレーションで体験しよう

**Point**

組み合わせ回路でデジタル回路のシミュレーションに慣れたら、次は順序回路のシミュレーションを試してみましょう。

## RSFFのシミュレーション

「LTspice」にはRSFFとDFFの2種類のフリップフロップのシンボルが用意されています。まずは**RSFF**のシミュレーションを体験してみましょう。先ほどの回路を別名保存し、編集していきます。

Componentで「srflop」と検索し、RSFFのシンボルを配置します。グラフを表示するときに区別しやすいよう、正出力、補出力にそれぞれQ、−Qというラベルを付けておきましょう。

セット入力Sに接続するパルス信号源V1の条件は「0 1 1m 1n 1n 1m 3m」に、リセット入力Rに接続するV2は「0 1 2m 1n 1n 1m 2m」と設定します。また、論理ゲートと同様にCOM端子はグラウンド端子に接続しておきましょう。

回路が完成した人は、解析条件として「.tran 5m」を記述し、シミュレーションを実行してみてください。SがHigh、RがLowになったときにQがHighになり（セット）、SがLow、RがHighになったときに−QがHighになっている（リセット）ことが確認できます。

また、S、RどちらもLowのときは直前の状態を保持しています。RSFFではS、RどちらもHighの状態は禁止となっており、出力は不定になります。

6章 回路シミュレーション

## RSFF の回路図

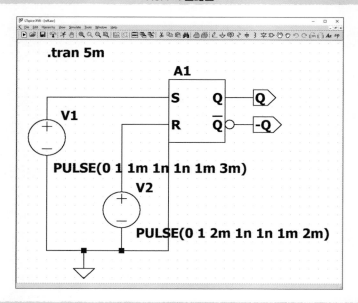

## RSFF のシミュレーション結果

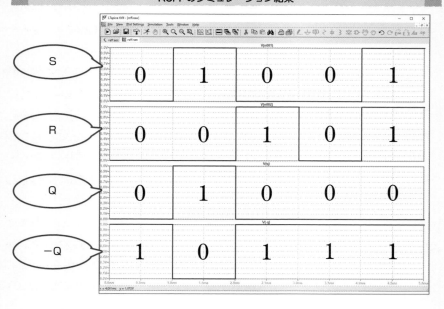

## DFFのシミュレーション

RSFFの次は**DFF**のシミュレーションを体験してみましょう。先ほどの回路を別名で保存し、編集していきます。

Componentで「dflop」と検索し、DFFのシンボルを配置します。先ほどのRSFFのシンボルと比べてみると、DFFには**PRE**（**プリセット**）と**CLR**（**クリア**）という2つの端子が増えています。どちらもHighのときにアクティブとなり、PREは正出力QをHighに、CLRはQをLowにする働きがあります。

今回は使用しないためどちらもグラウンド端子に接続しておきましょう。また、クロック入力CLKの手前に○が付いていないので、このDFFはクロックの立ち上がりに同期するポジティブエッジ動作をするということです。

**DFFのシンボル**

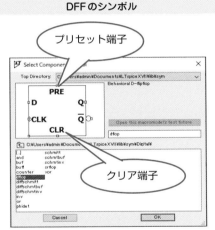

シンボルを配置したら、先ほどと同様、正出力、補出力にそれぞれラベルを付け、入力DとCLKにパルス信号源V1、V2を接続します。V1は先ほどのままでOKですが、クロック信号として利用するV2を「0 1 0.5m 1n 1n 0.5m 1m」と修正しておきましょう。

回路が完成した人は、解析条件を「.tran 10m」と記述してシミュレーションを実行してみましょう。クロック信号の立ち上がりに同期し、Dの信号が遅延して出力されていることが確認できますね。

DFFの回路図

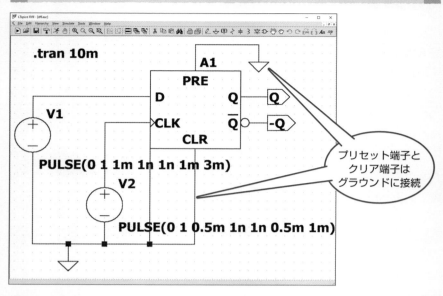

DFFのシミュレーション結果

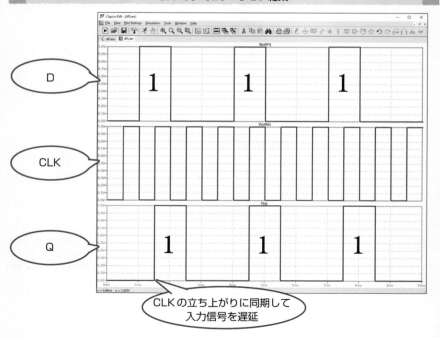

## シフトレジスタのシミュレーション

DFFを用いた代表的な回路である**シフトレジスタ**のシミュレーションを体験してみましょう。今回は4ビット右シフトのシフトレジスタを作成します。先ほどの回路を別名で保存し、編集していきます。

❶4ビットのシフトレジスタはDFFを4つ直列に接続することで実現できるため、先ほどのDFFを3つコピーして並べます。このとき、それぞれのDFFを右クリックし、「SpiceLine」という項目に「Td=10ns」と記述してください。これはDFFの伝搬遅延時間を指定するパラメータなのですが、デフォルトでは0になっており、シフトレジスタとしての動作をうまくシミュレーションすることができないため、わざと遅延を持たせてあげます。

**DFFの伝搬遅延時間の設定**

❷1段目のDFF①の正出力Qを2段目のDFF②の入力Dと接続します。同様に、2段目のDFF②のQを3段目のDFF③のDへ、3段目のDFF③のQを4段目のDFF④のDへ接続し、各QにはQ1～Q4のラベルを付けておきましょう。また、DFFのPRE、CLR、COM端子をそれぞれグラウンド端子と接続します。

❸1段目のDFFの入力Dにパルス信号源V1を接続します。V1の項目は「0 1 1m 1n 1n 1m 6m」と記述します。また、すべてのDFFのCLKに共通のクロック信号源V2を接続します。V2は先ほどのままでOKです。

❹回路が完成した人は、解析条件を「.tran 6m」としてシミュレーションを実行してみましょう。

シミュレーションが成功した人は、グラフ・ペイン上でグラフ枠を増やしてクロック、DFF①の入力、各DFFの出力Q1～Q4の波形を並べてみましょう。

DFF①の入力信号が、クロックの立ち上がりに同期してDFF②～④へとシフトしていく様子が確認できますね。

---

### Column

## 回路シミュレーションとの出会い方（野口編）

筆者（野口）は、高専5年生の頃に共著者であり恩師でもある石川先生の研究室に配属され、アナログ回路研究の第一歩を踏み出しました。

当時、配属されて一番はじめに取り組んだのがオペアンプの設計でした。手計算で各トランジスタの電流・電圧を決め、それをもとにトランジスタサイズを計算したあと、本当に所望した特性になるかどうか、回路シミュレータで確かめてみました。簡単な2段構成なのでトランジスタ数も少ないのですが、シミュレーション結果を見ると、すべてのトランジスタが飽和領域で動作し、設計したとおりの電流値になっていて、とても嬉しかった記憶があります。

その後、設計したオペアンプを実際に試作する機会をいただいたのですが、いざでき上がった実物を測定してみると、周波数特性がシミュレーションとは大きく異なっていました。この経験を通して、シミュレーションはあくまでもシミュレーションであること、そして、実際にちゃんと動作する回路を作ることの大切さを学びました。

あれから12年、当時の石川先生と同じくらいの年齢になった筆者が、恩師と一緒にこの本を書けることを大変ありがたく思います。

この本を読んでくださっている学生や新社会人の皆さんにも、そんな素敵な出会いがあることを願っております。

## 4ビット右シフトレジスタの回路図

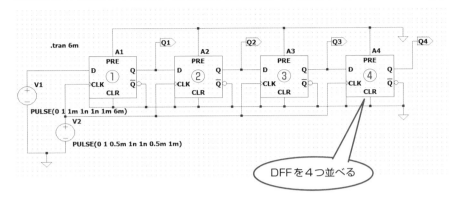

DFFを4つ並べる

## 4ビット右シフトレジスタのシミュレーション結果

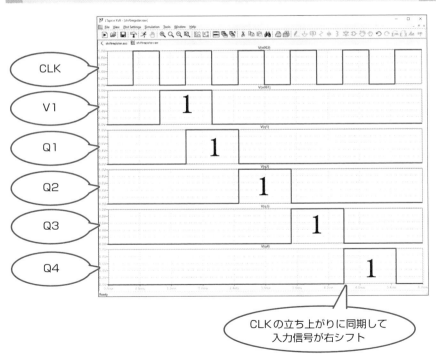

CLKの立ち上がりに同期して
入力信号が右シフト

## バイナリカウンタのシミュレーション

シフトレジスタの次は、DFFを用いた**バイナリカウンタ**のシミュレーションを体験してみましょう。先ほどの回路を別名で保存し、編集していきます。今回もシフトレジスタと同様に4ビットのバイナリカウンタを作成するので、4つ並べたDFFはそのまま利用しましょう。

❶ 1段目のDFF①の補出力Q̄を2段目のDFF②のCLKに接続します。また、それと並列に、Q̄を自分自身の入力Dに帰還させます。以降も同様に接続していきます。

❷ 正出力Qはどこにも接続せずに、DFF①から順番にQ1～Q4のラベルを付けます。

❸ DFF①のCLKにクロック信号源V1を接続します。V1の各項目は先ほどのクロック信号源と同様に「0 1 0.5m 1n 1n 0.5m 1m」と記述します。

❹ シミュレーション開始直後に各DFFのQをLowに初期化するため、CLR端子にリセット信号V2を入力します。リセット信号はパルス信号で「0 1 0 1n 1n 0.1m 16m」と記述します。

❺ 回路が完成した人は、解析条件に「.tran 16m」と記述し、シミュレーションを実行してみましょう。

シミュレーションが成功した人は、グラフ・ペイン上でリセット信号、クロック、各DFFの出力Q1～Q4の波形を並べてみましょう。

シミュレーション開始直後にリセット信号がHighになり、各DFFの出力を初期化していることがわかります。その後、クロックの立ち上がりに同期して、0000～1111まで2進数で1ずつ増えるアップカウンタとして動作していることが確認できますね。

## 4ビットバイナリカウンタの回路図

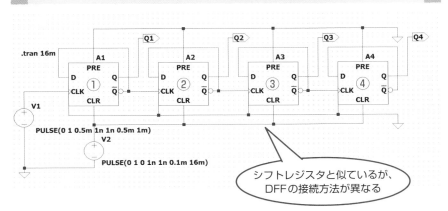

シフトレジスタと似ているが、
DFFの接続方法が異なる

## 4ビットバイナリカウンタのシミュレーション結果

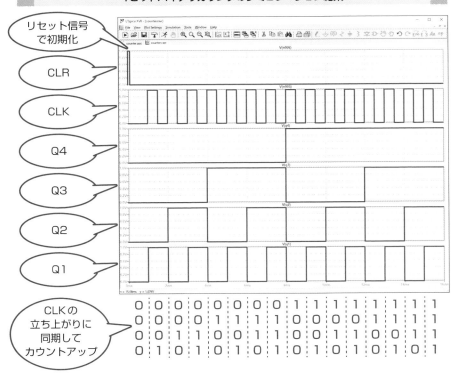

リセット信号
で初期化

CLR

CLK

Q4

Q3

Q2

Q1

CLKの
立ち上がりに
同期して
カウントアップ

## 第6章でホントは触れたかったこと

　第6章では、「LTspice」を使ったアナログ回路、デジタル回路のシミュレーションについて紹介しました。回路シミュレーションをする上でもう1つ重要なことがあります。

質問：SPICEモデルってどうやって作るの？

回答：シミュレーションで欠かせない**SPICEモデル**ですが、その作り方は大きく分けて2通りあります。

　　　1つは、デバイスの中身を受動素子（抵抗、コンデンサ、コイル）や能動素子（ダイオード、トランジスタなど）、電圧源といった複数の部品で構成された電子回路の形で表現する方法です。
　　　例えば、第5章で学んだように、フリップフロップの中身であるNAND回路やNOT回路は、トランジスタレベルで表現することができます。

　　　もう1つは、デバイスの「振る舞い（ビヘイビア）」に着目し、その特性を関数で記述する方法です。
　　　第6章で触れたRSFFやDFFなどのコンポーネントは、この方法でモデル化されています。数式の組み合わせで自在に表現できるため、自由度が高いです。

　　　実際の回路設計現場では、それぞれの特徴を理解し、目的に合わせて最適なモデルを選択することが大切です。

# おわりに

　本書を読んでみていかがでしたか？　ちょっと難しいと思われた方は、本文中で強調している言葉だけでもサラッと振り返って眺めていただけると嬉しいです。

　本書を手にする「前とあとで」どんな「専門用語」を獲得されましたか？　回路シミュレーションを楽しんでもらえましたか？

　本書のサポートページでは演習のファイルや動画も公開していますのでご利用ください。

　さて、本書の前身である既刊『図解入門 よ〜くわかる最新 電子回路の基本としくみ』（2013年6月刊）では、これまでに"電子回路が好きになりました"という声をたくさんいただきました。"電子回路好きを1人でも増やす"という思いを届けることができて喜んでいます。電子回路は、コツさえつかめばプログラミングと同じくらい楽しいものです。本書を通じて、さらに多くの方が、"電子回路を学ぶための地図を手に入れた♪"と思っていただけると嬉しいです。

　公の紙面を使って大変恐縮ですが、今回は何より、教え子である野口先生との共著とさせていただいたこと、そして同僚として一緒に電子回路の楽しさを伝える仕事ができたことをありがたく思っています。皆さんも、私たちの仲間になって「電子回路の楽しさ」を一緒に伝えていただけませんか？　よろしければ、ICLabというキーワードで検索していただき、皆さんの思いを著者までE-mailで気軽にお伝えください。

　新型コロナウイルスの感染拡大で世の中が大変な2020〜2021年、「温かみのある専門書」とすることを意識して執筆しました。本書が、電子回路の学習をきっかけにした新たな発想を生む「幹」になることを願っています。

　本書執筆にあたり、原稿をチェックしていただくとともに、作図や教育手法に関する貴重なご助言をいただいた、有明高専創造工学科の松野哲也先生、大河平紀司先生、清水暁生先生、城門寿美子さん、福岡教育大学の石橋直先生、大牟田市教育委員会の高倉洋美先生に厚く御礼申し上げます。また、多くの諸先輩方の良書を参考にさせていただきました。ここに感謝いたします。

## ●参考文献

　電子回路の本はたくさん出版されています。教科書的な本から、やわらかい語り口の本まで多種多様です。以下に、本書や工業高校検定教科書レベルをクリアした人のための本を紹介します。最後の2冊は、企業の方や大学院生も読んでいるような定番書です。難しい内容も含まれていますが、ぜひ、チャレンジしてください。

### ・電子回路をもう少し詳しく学べる本

『しくみ図解　電子回路が一番わかる』技術評論社
『はじめての電子回路15講』講談社
『図解入門　現場で役立つ電源回路の基本と仕組み［第2版］』秀和システム
『これだけ！電子回路』秀和システム

### ・SPICEシミュレーションが学べる本

『回路シミュレータLTspiceで学ぶ電子回路　第3版』オーム社

### ・デジタル回路の基礎が学べる本

『入門　電子回路　ディジタル編』オーム社
『新版　メカトロニクスのための電子回路基礎』コロナ社

### ・LSIの設計やオペアンプの中身についてもっと学べる本

『CMOSアナログIC回路の実務設計』CQ出版
『CMOSアナログ／ディジタルIC設計の基礎』CQ出版
『CMOS　OPアンプ回路　実務設計の基礎』CQ出版
『LSI設計者のためのCMOSアナログ回路入門』CQ出版

### ・アナログ集積回路設計の定番書

『アナログ電子回路　－集積回路化時代の－　第2版』オーム社
『アナログCMOS集積回路の設計　基礎編・応用編・演習編』丸善出版

# 索引
## INDEX

# MEMO

●著者紹介

**石川 洋平**（いしかわ ようへい）

1978年福岡県大川市出身。八女工業高等学校情報技術科卒業・佐賀大学大学院工学系研究科修了。有明工業高等専門学校創造工学科 准教授、博士（工学）。電気学会会員、電子情報通信学会会員、IEEE会員。アナログ・デジタル集積回路に関する教育と研究に従事。

**野口 卓朗**（のぐち たくろう）

1989年福岡県大牟田市出身。有明工業高等専門学校電子情報工学科卒業・佐賀大学大学院工学系研究科修了。有明工業高等専門学校創造工学科 助教、博士（工学）。電子情報通信学会会員、IEEE会員。簡易型微小位相差計測回路の高機能化に関する研究に従事。

●イラスト

**まえだ　たつひこ**

●編集協力

**株式会社エディトリアルハウス**

図解入門　よ〜くわかる
最新電子回路の基本としくみ [第2版]

| 発行日 | 2021年 5月20日 | 第1版第1刷 |
| --- | --- | --- |
| | 2024年 2月15日 | 第1版第3刷 |

著　者　石川　洋平／野口　卓朗

発行者　斉藤　和邦
発行所　株式会社　秀和システム
　　　　〒135-0016
　　　　東京都江東区東陽2-4-2　新宮ビル2F
　　　　Tel 03-6264-3105（販売）Fax 03-6264-3094
印刷所　三松堂印刷株式会社　　　　Printed in Japan

ISBN978-4-7980-6436-9 C3054